普通高等教育人工智能与机器人工程专业系列教材

机器人工程专业导论

薛光辉　编著

机械工业出版社

本书旨在为机器人工程专业的低年级学生了解和认识专业提供参考，为学生的后续专业学习打下基础。全书共分 10 章。第 1 章为绪论，介绍了本书的目的和意义，机器人工程专业发展历史与现状、专业内涵、人才培养与知识体系，机器人工程专业与相关专业的关系，以及机器人工程专业的学习方法。第 2 章主要介绍了机器人的起源与发展历史、概念与特点、组成与分类，典型的机器人结构，以及机器人技术的发展趋势与未来。第 3 章介绍了机器人在各行业中的应用。第 4 章介绍了机器人硬件系统，包括机器人系统组成、典型运动机构与驱动系统和机器人传感装置。第 5 章介绍了机器人软件系统，主要包括机器人编程语言与编程系统、离线编程、仿真软件和机器人操作系统。第 6 章介绍了智能机器人。第 7 章概述了人工智能的定义、起源与发展及其三大学派，介绍了机器学习的发展史和几种机器学习算法。第 8 章介绍了机器人的 SLAM 与路径、轨迹规划。第 9 章介绍了机器人控制技术。第 10 章介绍了国内外从事机器人研究的机构和企业，可以让读者对其有一个初步的了解和认识。

本书可作为普通高等院校机器人工程、自动化和智能制造等专业的教材，也可作为机器人技术爱好者的入门读物。

本书配有教师课件和习题答案，欢迎选用本书作教材的教师登录 www.cmpedu.com 注册下载，或发邮件至 jinacmp@163.com 索取。

图书在版编目（CIP）数据

机器人工程专业导论/薛光辉编著. —北京：机械工业出版社，2023.12
普通高等教育人工智能与机器人工程专业系列教材
ISBN 978-7-111-74724-6

Ⅰ.①机… Ⅱ.①薛… Ⅲ.①机器人工程-高等学校-教材
Ⅳ.①TP24

中国国家版本馆 CIP 数据核字（2024）第 004432 号

机械工业出版社（北京市百万庄大街 22 号　邮政编码 100037）
策划编辑：吉　玲　　　　　责任编辑：吉　玲　赵晓峰
责任校对：肖　琳　张　薇　　封面设计：张　静
责任印制：常天培
北京机工印刷厂有限公司印刷
2024 年 3 月第 1 版第 1 次印刷
184mm×260mm・11.5 印张・291 千字
标准书号：ISBN 978-7-111-74724-6
定价：39.00 元

电话服务　　　　　　　　　网络服务
客服电话：010-88361066　　机　工　官　网：www.cmpbook.com
　　　　　010-88379833　　机　工　官　博：weibo.com/cmp1952
　　　　　010-68326294　　金　书　网：www.golden-book.com
封底无防伪标均为盗版　　　机工教育服务网：www.cmpedu.com

前　言

机器人被称为"最高意义上的自动化"，是集机械、电子、自动化、计算机、传感器和人工智能等多学科及前沿技术于一身的设备，素有"制造业皇冠顶端的明珠"之誉，机器人的研发、制造和应用是衡量一个国家科技创新和高端制造业水平的重要标志。近年来，全球机器人市场规模快速增长，我国机器人产业发展迅速，连续多年成为世界最大机器人消费国。机器人应用市场的持续高涨，有力拉动了我国机器人产业的技术创新、产品研发及系统集成。伴随着各地工业经济的发展加速、转型升级，由政府力推、企业力行的"机器换人"潮正在加快部署，完全由机器人来代替人工进行生产的"黑灯工厂"不断涌现。

机器人工程相关人才的培育已成为我国工业经济转型升级的迫切需求。机器人工程专业是顺应国家建设需求和国际发展趋势、推动行业转型升级的典型新工科专业，是集新颖性、实践性和综合性于一体的多领域交叉的前沿学科。

本书力求系统、全面、准确地介绍机器人工程的学科内涵、知识体系和机器人工程专业与相关专业的关系，图文并茂地阐述机器人工程的相关知识和技术。通过本书的学习，读者可以对机器人工程专业有较为全面的认识，了解本专业学科知识和相关专业领域的交叉融合现状。

全书共分10章。第1章为绪论，介绍了本书的目的和意义，机器人工程专业发展历史与现状、专业内涵、人才培养与知识体系，机器人工程专业与相关专业的关系，以及机器人工程专业的学习方法。第2章主要介绍了机器人的起源与发展历史、概念与特点、组成与分类，典型的机器人结构，以及机器人技术的发展趋势与未来。第3章介绍了机器人在各行业中的应用。第4章介绍了机器人硬件系统，包括机器人系统组成、典型运动机构与驱动系统和机器人传感装置。第5章介绍了机器人软件系统，主要包括机器人编程语言与编程系统、离线编程、仿真软件和机器人操作系统。第6章介绍了智能机器人。第7章概述了人工智能的定义、起源与发展及其三大学派，介绍了机器学习的发展史和几种机器学习算法。第8章介绍了机器人的SLAM与路径、轨迹规划。第9章介绍了机器人控制技术。第10章介绍了国内外从事机器人研究的机构和企业，可以让读者对其有一个初步的了解和认识。

本书可作为普通高等院校机器人工程专业为一年级新生开设的机器人工程专业导论课程的教材或参考书，学时以16学时为宜，让学生在大学一开始就能了解自己所学专业的基本情况，认识机器人技术在我国国民经济中的地位和作用，熟悉需要学习掌握什么样的知识和技能，从而激发学生学习的积极性和主动性，使其积极投身于大学四年的学习中去。

在本书的编写过程中，作者参阅了大量的文献资料和在线资源，许多教授、专家和学者提供了宝贵的资料，研究生侯鹏、马闯、韩司聪、魏金波、李瑞雪、高松、胡卫军、李圆和刘爽等结合学习和科研，为本书的编写查阅文献、整理资料，参与了部分内容的撰写，高级工程师陈洁对全书进行了审核，在此一并深表感谢。

机器人工程专业涉及机械、控制、计算机、信息、材料和生物医学等多学科知识，范围很广，限于编者水平，书中难免存在疏漏和不足，敬请广大读者批评指正！

作者

目　　录

前言
第1章　绪论 … 1
1.1　本书目的与意义 … 1
1.2　机器人工程专业发展历史与现状 … 2
1.2.1　国外发展历史与现状 … 2
1.2.2　国内发展历史与现状 … 3
1.3　机器人工程专业的学科内涵、人才培养与知识体系 … 3
1.3.1　机器人工程专业的学科内涵 … 3
1.3.2　机器人工程专业的人才培养 … 4
1.3.3　机器人工程专业的知识体系 … 5
1.4　机器人工程专业与相关专业的关系 … 8
1.4.1　与机械类专业的关系 … 8
1.4.2　与自动化类专业的关系 … 9
1.4.3　与仪器类专业的关系 … 9
1.4.4　与计算机类专业的关系 … 10
1.4.5　与电子信息类专业的关系 … 11
1.4.6　与电气类专业的关系 … 11
1.4.7　与人工智能相关专业的关系 … 12
1.5　机器人工程专业学习方法 … 13
1.5.1　大学课程这样学 … 13
1.5.2　科技实践揭秘 … 14
1.5.3　大学生活你我谈 … 14
1.6　与机器人相关的大学生学科竞赛 … 15
1.7　本章总结 … 20

第2章　机器人概述 … 21
2.1　机器人的起源与发展历史 … 21
2.2　机器人的概念与特点 … 31
2.2.1　机器人的概念 … 31
2.2.2　机器人的特点 … 32
2.3　机器人的组成与分类 … 34
2.3.1　机器人系统的组成 … 34
2.3.2　机器人分类 … 35
2.4　典型机器人剖析 … 42
2.5　机器人的优缺点 … 43
2.6　机器人的自由度 … 43
2.7　机器人技术的发展趋势 … 44
2.8　机器人的未来 … 46
2.9　本章总结 … 47

第3章　机器人在各行业中的应用 … 48
3.1　在工业中的应用 … 48
3.2　在农业中的应用 … 51
3.3　在医学中的应用 … 55
3.4　在军事上的应用 … 62
3.5　在煤炭行业中的应用 … 70
3.6　新兴应用领域 … 75
3.7　本章总结 … 77

第4章　机器人硬件系统 … 78
4.1　机器人系统组成 … 78
4.2　机器人典型的运动机构 … 79
4.2.1　腿式行走机构 … 80
4.2.2　履带式行走机构 … 81
4.2.3　轮式行走机构 … 81
4.2.4　复合式行走机构 … 82
4.3　机器人驱动系统 … 82
4.3.1　关节与驱动方式 … 82
4.3.2　驱动系统的分类 … 83
4.4　机器人传感装置 … 84
4.4.1　机器人传感器分类 … 85
4.4.2　内部传感器 … 85
4.4.3　外部传感器 … 90
4.5　本章总结 … 95

第 5 章　机器人软件系统 …… 97
5.1　机器人编程语言与编程系统 …… 97
5.1.1　机器人语言系统的结构 …… 97
5.1.2　机器人编程语言 …… 98
5.2　机器人离线编程 …… 100
5.2.1　机器人离线编程的特点和主要内容 …… 100
5.2.2　机器人离线编程仿真系统 HOLPSS …… 101
5.3　机器人仿真软件 …… 102
5.3.1　MATLAB/Simulink 机器人工具箱 …… 103
5.3.2　CoppeliaSim …… 103
5.3.3　Gazebo …… 103
5.4　机器人操作系统 …… 104
5.4.1　ROS 起源与发展历程 …… 104
5.4.2　ROS 主要特性 …… 106
5.4.3　ROS 层次架构 …… 107
5.5　本章总结 …… 111

第 6 章　智能机器人 …… 112
6.1　智能机器人概述 …… 112
6.2　人工智能技术在机器人中的应用 …… 113
6.2.1　智能感知技术 …… 113
6.2.2　智能导航与规划技术 …… 116
6.2.3　智能控制与操作 …… 118
6.2.4　机器人智能交互 …… 119
6.3　智能机器人发展展望 …… 121
6.4　本章总结 …… 122

第 7 章　人工智能概述 …… 123
7.1　人工智能的定义 …… 124
7.2　人工智能的起源与发展 …… 125
7.3　人工智能的三大学派 …… 128
7.4　机器学习 …… 130
7.4.1　机器学习发展史 …… 130
7.4.2　监督学习 …… 131
7.4.3　无监督学习 …… 132
7.4.4　弱监督学习 …… 132
7.4.5　深度学习 …… 133
7.5　人工智能的发展趋势 …… 134
7.6　本章总结 …… 135

第 8 章　SLAM 与路径、轨迹规划 …… 136
8.1　SLAM 概念与框架 …… 137
8.1.1　SLAM 概念 …… 137
8.1.2　SLAM 框架 …… 140
8.1.3　机器人工程中用到的地图 …… 142
8.2　激光 SLAM 主流方案 …… 143
8.3　视觉 SLAM 主流方案 …… 146
8.4　路径规划 …… 147
8.4.1　全局路径规划 …… 148
8.4.2　局部路径规划 …… 149
8.5　轨迹规划 …… 149
8.6　ROS 机器人导航 …… 152
8.7　本章总结 …… 153

第 9 章　机器人控制技术 …… 154
9.1　机器人控制方法简介 …… 154
9.2　机器人常用的控制方法 …… 155
9.3　位置控制 …… 156
9.4　力控制 …… 157
9.5　基于视觉的控制 …… 157
9.6　本章总结 …… 158

第 10 章　机器人研究机构和企业介绍 …… 159
10.1　机器人研究机构 …… 159
10.1.1　国外机器人研究机构 …… 159
10.1.2　国内机器人研究机构 …… 162
10.2　部分机器人企业介绍 …… 167
10.3　本章总结 …… 172

附录 …… 173

参考文献 …… 177

第 1 章

绪 论

机器人被称为"最高意义上的自动化",是集机械、电子、自动化、计算机、传感器和人工智能等多学科及前沿技术于一身的设备,素有"制造业皇冠顶端的明珠"之誉,机器人的研发、制造和应用是衡量一个国家科技创新和高端制造业水平的重要标志。近年来,全球机器人市场规模快速增长,我国机器人产业迅速发展,连续多年成为世界最大机器人消费国。应用市场的持续高涨,有力拉动了我国机器人产业的技术创新、产品研发及系统集成。伴随着各地工业经济的发展加速转型升级,由政府力推、企业力行的"机器换人"潮正在加快部署,完全由机器人来代替人工进行生产的"黑灯工厂"不断涌现。机器人工程相关人才的培育已成为我国工业经济转型升级的迫切需求。机器人工程专业是顺应国家建设需求和国际发展趋势、推动行业转型升级的典型新工科专业,是集新颖性、实践性和综合性为一体的多领域交叉的前沿学科。据统计,自 2015 年东南大学新增备案机器人工程本科专业以来,我国开设机器人工程专业的高等院校已经多达 341 所。

> **小知识**:新工科(Emerging Engineering Education,3E)是基于国家战略发展新需求,国际竞争新形势,立德树人新要求而提出的我国工程教育改革方向。新工科的内涵是以立德树人为引领,以应对变化、塑造未来为建设理念,以继承与创新、交叉与融合、协调与共享为主要途径,培养未来多元化、创新型卓越工程人才,具有战略性、创新性、系统化和开放式的特征。2017 年 2 月以来,教育部积极推进新工科建设,先后形成了"复旦共识""天大行动"和"北京指南",全力探索、形成领跑全球工程教育的中国模式、中国经验,助力高等教育强国建设。

1.1 本书目的与意义

作为一个新兴的工科专业,机器人工程专业对社会大众来说既熟悉又陌生。说它为社会大众所熟悉,是因为当前社会正处于人工智能的新一波浪潮之中,以机器人为对象的各种研究和应用使人眼花缭乱,目不暇接。说社会大众对它陌生,是因为机器人工程专业是以控制科学与工程、机械工程、计算机科学与技术、仪器科学与技术、材料科学与工程、生物医学工程和认知科学等学科中涉及的机器人科学技术问题为研究对象,综合应用自然科学、工程技术、社会科学和人文科学等相关学科的理论、方法和技术,研究机器人的智能感知、优化控制与系统设计、人机交互模式等学术问题的一个多领域交叉的前沿学科,所涉及的学科知识众多,社会大众对该专业的认识往往管中窥豹,挂一漏万,很难有一个全面的认知。

本书的编写目的是为了使社会大众，尤其是新入学的大学生能够对机器人工程本科专业的内涵特点、专业与社会经济发展的关系、专业涉及的主要学科知识和课程体系、专业人才培养的基本要求等有较全面的了解，帮助本专业学生形成较系统的专业认识，满足社会大众了解机器人工程专业内涵和发展趋势的需求。

通过学习本书，可以帮助大学生做到以下几点：

1. 帮助机器人工程专业的学生了解所学专业

刚刚进入大学校园的学生迫切地想要知道自己所学的专业是做什么的、需要学些什么。这些问题看似浅显，却影响着新生对本专业的兴趣。

本书不但可以帮助学生了解自己所学的专业，还能给学生留下深刻的印象。当学生对专业性质有了足够的了解后，会更加明确自己的学习目标，学习动力和积极性会更加充足。

2. 培养机器人工程专业学生的专业兴趣

在大学四年的学习生涯中，浓厚的兴趣会让学生主动去学习，与此同时，学生还会拥有积极的思维，敢于大胆质疑，勇于探索新知识，在学习效果上取得质的飞跃。

机器人工程专业交叉领域广，学科复合性强，学习难度较大。通过本书的学习，学生可以了解机器人工程专业的发展背景、作用以及走向；掌握本专业的知识体系以及基础内容，为专业课的学习做好铺垫；掌握本专业的学习方法和技巧，引导学生的思维进入专业知识中，培养学生的专业兴趣；让学生主动学习、积极思考，在学习上取得事半功倍的效果。

为达到上述目的，本书着重从机器人工程专业的多个维度进行了全面介绍：机器人概述，包括机器人起源与发展历史、概念与特点、组成与分类及其发展趋势等内容；机器人硬件系统，包括机器人系统组成、机器人典型运动机构、机器人驱动系统以及机器人传感装置；机器人软件系统，包括机器人编程语言与编程系统、机器人离线编程、机器人仿真软件以及机器人操作系统等；智能机器人与人工智能，包括智能机器人与人工智能概述及其发展趋势、机器学习以及人工智能在智能机器人智能感知、智能导航与规划、智能控制与操作和智能交互方面的应用；机器人控制技术，包括机器人控制方法概述及常用的控制方法、位置控制、力控制和视觉控制等；机器人主要研究机构与企业概况。

1.2 机器人工程专业发展历史与现状

1.2.1 国外发展历史与现状

2004年，英国普利茅斯大学（University of Plymouth）提供了机器人本科教育课程计划。2006年美国伍斯特理工学院（Worcester Polytechnic Institute，WPI）设立了美国机器人工程专业学士学位（Bachelor of Robotics Engineering，BRE），2009年有了BRE专业的毕业生，2010年通过ABET（Accreditation Board for Engineering and Technology，美国工程与技术认证委员会）专业认证。

近几年，机器人或机器人工程本科专业是国外大学（主要是美国）建设的新专业，特点是依托不同的学科，发挥各自学科特点和优势，并强化在机器人工程专门领域的学科地位，如美国WPI依托计算机科学（Computer Science，CS）、电子与计算机工程（Electronic and Computer Engineering，ECE）、机械工程（Mechanical Engineering，ME）等多学科，美国加州大学圣克鲁兹分校（University of California，Santa Cruz，UCSC）依托CS，美国劳伦斯理工大学（Lawrence Technological University，LTU）依托ME，美国底特律大学（University of Detroit Mercy，UDM）依托机器人与机电系统工程（Robotics and Mechatronic Systems Engineering）。近年来，亚利桑那州立大学（Arizona State University，ASU）、爱荷华州立大学（Iowa State University，ISU）、强生威尔士大学（Johnson & Wales University，JWU）、普渡大学（Purdue University）、密歇根大学迪尔本分校（University of Michigan–Dearborn，UM–Dearborn）也先后开设了机器人工程专业。

BRE 本科人才培养的共同特点是，以计算机技术为基础，以机器人系统各部件开发控制以及整体的智能化集成应用为基本需求，以各类制作、竞赛、智能移动/人形机器人、人工智能和机器学习为兴趣拓展进行人才培养。

1.2.2 国内发展历史与现状

根据教育部有关公告，2014 年以前，我国有 9 所职业院校招收机器人工程专业学生，120 多所职业院校开设了与机器人相关的专业方向。

2015 年，东南大学依托原自动化专业在机器人控制工程领域的学科优势，并适应近年来机器人工程人才培养的特殊需求，向教育部申请备案了机器人工程专业（Robotics Engineering）并获得批准，自此机器人工程成为教育部备案专业，专业代码为 080803T，为工学自动化类，授予工学学士学位，修业年限为 4 年。该专业侧重机器人系统总成与应用中的计算机硬件与软件系统、控制与计算理论、实时信息与数据处理技术，面向各类机器人智能化系统、自动化系统的工程设计与开发，培养掌握现代机器人智能化、自动化系统技术及相关控制系统的研发、编程、集成应用、管理和信息处理技术的高素质、创新型和复合型高级科学研究人才和工程技术人才。

2016 年，新增备案机器人工程专业的普通高等院校达到了 26 所，如东北大学、湖南大学、北京信息科技大学、辽宁科技学院、沈阳科技学院、吉林工程技术师范学院、哈尔滨远东理工学院、哈尔滨华德学院、南京工程学院、三江学院、安徽工程大学、安徽三联学院、南昌理工学院和山东管理学院等。

2017 年，机器人工程专业的开设开始呈现爆发式增长，有多达 60 所普通高等院校新增备案了机器人工程专业，其中不乏知名高校，如中国矿业大学、合肥工业大学、河海大学、北京航空航天大学、北京工业大学和天津理工大学等。

2018 年，多达 101 所普通高等院校新增备案了机器人工程专业，如北京大学、北京科技大学、中国矿业大学（北京）、北京化工大学、浙江大学、华南理工大学、重庆大学、电子科技大学、哈尔滨工业大学、哈尔滨工程大学、南京理工大学和大连交通大学等。

2019 年，新增 61 所。

2020 年，新增 53 所。

2021 年，新增 21 所。

2022 年，新增 19 所。

1.3 机器人工程专业的学科内涵、人才培养与知识体系

1.3.1 机器人工程专业的学科内涵

机器人工程专业是以控制科学与工程、机械工程、计算机科学与技术、材料科学与工程、生物医学工程和认知科学等学科中涉及的机器人科学技术问题为研究对象，综合应用自

然科学、工程技术、社会科学和人文科学等相关学科的理论、方法和技术，研究机器人的机构设计、智能感知、优化控制与系统设计、人机交互模式等科学问题的多领域交叉的前沿学科。

机器人工程专业主要是研究、开发具有明确作业功能或用途的机器人技术，实现其工程应用并不断提高应用性能、拓展应用领域的专业。正如 WPI 在其机器人工程专业的介绍中所写"Make useful robots, make robot useful"，即制造有用的机器人，使机器人有用，拓展机器人应用，造福人类。近几十年来，各类通用机器人技术日益成熟，在工业、特种行业以及社会服务业得到越来越多的应用，并催生了更多新的应用需求，机器人工程专业的地位日益重要。

机器人工程专业的学科内涵来源于机械工程、控制科学与工程、自动化、计算机科学与工程、材料科学与工程和生物科学与工程等众多学科，其基本目标就是充分利用上述各学科的前沿理论和技术制造有用的机器人，拓展机器人的应用效能和领域。

1.3.2 机器人工程专业的人才培养

机器人工程专业的人才培养目标是培养以机器人为主要研究及应用对象的系统工程师，培养人格健全、责任感强、具备科学和工程技术素养，具有数学、物理和机器人机械设计基础知识，掌握信息与自动控制技术、计算机软硬件及算法设计应用知识和机器人系统与软件设计、开发和应用技能，在机器人工程及系统应用领域具有交叉学科专业知识、一定的专业特长和创新实践能力的综合型工程技术人才。

该专业学生毕业后，可从事机器人核心部件、软件、算法、机器人系统、智能制造与服务以及相关领域的科学研究、技术开发、应用维护及管理工作，也可在众多新兴的人工智能、互联网和智能系统等高新技术行业创业发展，或者选择到国内外高等院校和科研院所继续深造，并具备在工作中继续学习和创新的能力；经过 5 年左右的实践工作，成为机器人工程及相关领域的高级人才。

该专业的毕业生在知识、素质和能力方面应满足以下基本要求：

（1）工程知识

掌握数学、物理等基础科学和与机器人机构、传感、控制与智能相关的基础知识、基本理论和基本技能，并能够将相关知识用于解决机器人工程领域所涉及的研发与应用等复杂问题。

（2）问题分析

掌握文献检索、资料查询及运用现代信息技术获取相关信息的基本方法，能够应用数学、自然科学和机器人工程科学的基本原理，对复杂机器人工程问题进行识别、表达、建模和分析求解，掌握对象特性，获得有效结论。

（3）设计/开发解决方案

针对机器人工程领域的复杂工程问题，具有综合运用机器人相关知识提出解决方案的能力，能够设计机器人工程中硬件部件、软件系统及智能算法策略或机器人系统总成及控制、智能制造与服务工艺流程，能够体现创新意识，并能够考虑社会、健康、安全、法律、文化以及环境等因素。

（4）研究

能够基于科学原理和方法，运用机器人工程基础和专业知识对机器人及相关领域的复杂工程问题进行研究,包括设计实验、建模、仿真、分析与解释数据,并通过信息综合得到合理有效的结论。

(5) 使用现代工具

能够根据机器人工程领域中的设计开发、仿真分析及性能测试等特定需求,开发、选择与使用恰当的技术、资源、现代工程工具和信息技术工具,对复杂工程问题进行分析与求解,并能够理解其局限性。

(6) 工程与社会

了解与机器人工程专业相关的社会、健康、安全、法律以及文化方面的知识,能够基于工程相关背景知识进行合理分析,评价机器人工程专业实践和复杂工程问题解决方案对社会、健康、安全、法律以及文化的影响,并了解应承担的责任。

(7) 环境和可持续发展

能够了解和评价针对机器人工程领域复杂工程问题的工程实践对环境、社会可持续发展的影响。

(8) 职业规范

具有人文社会科学素养和社会责任感,能够在机器人工程实践中理解并遵守工程职业道德和规范,爱岗敬业,遵纪守法,并履行相应的责任。

(9) 个人和团队

具有一定的人际交往和组织管理能力,能够在多学科背景下的团队中担任个体、团队成员及负责人的角色,具有团队协作和竞争精神。

(10) 沟通

具有准确的文字表达与沟通能力,基本掌握一门外语,具有一定的国际视野和跨文化的沟通和交流能力,能够针对机器人复杂工程问题与业界同行及社会公众进行有效的沟通和交流,包括撰写报告和设计文稿、陈述发言、清晰表达或回应指令。

(11) 项目管理

理解并掌握工程管理原理和经济决策方法,并能应用于机器人工程领域的产品设计、开发、运行及管理。

(12) 终身学习

具有健康的体魄、自主学习和终身学习的意识,有不断学习与适应发展的能力。

1.3.3 机器人工程专业的知识体系

机器人工程专业的人才培养服务于国家经济的发展和建设,以精密机械和计算机技术为基础,以自动化和智能化为核心,以机器人系统各部件研究开发以及整体的智能化集成应用为基本任务,围绕各类智能移动、人形或作业机器人的设计、制造、竞赛与研究,探索学习人工智能、机器学习等新知识,面向未来拓展个人兴趣与培养创新型人才。

机器人工程专业的知识体系应具有厚基础、宽口径、重实践和富创新的特点,培养学生具有团队组织协调与综合运用所学知识的能力,具有融合掌握多学科基础理论的专业优势。

1. 知识体系

(1) 通识类知识领域

人文社会科学基础:思想政治理论、外语、文化素质(法律、经济管理、社会、环境、文学、历史和哲学等)、军事、健康与体育等,使学生在从事工程设计时能够考虑经济、环境、法律和伦理等各种制约因素。

数学和自然科学基础：高等数学、工程数学（概率论与数理统计、线性代数等）、物理学和程序设计基础等，使学生掌握数学和自然科学的基础知识。

（2）学科类（工程与大类专业）基础知识领域

学科类基础知识涉及以下知识领域：工程图学与工程设计基础、电子信息技术基础（电路分析基础、模拟电子技术和数字电子技术）、机械工程技术基础（机械原理与设计、精密机械设计基础和工程力学）、计算机技术基础、控制工程基础（自动控制原理）、系统建模与仿真技术等，使学生掌握机器人系统设计、实现与应用的基本知识体系，支撑其专业学习。

（3）专业知识领域

专业知识领域以机器人机构、感知、控制和智能为主线，包括机器人学、机器人机构学、机器人动力学建模与控制、机器人环境建模、感知与交互技术基础、系统设计与实现技术基础、智能技术基础（模式识别、机器学习、图像处理和机器视觉）等，同时考虑专业特点和学科优势，可延伸至水下机器人、智能车、无人驾驶技术、无人机技术、特种机器人、服务机器人、机器人系统集成与应用、机器人工装设计、智能制造技术（3D 打印技术）等具体领域。

2. 主要实践性教学环节

本专业主要实践性教学环节包括工程训练、实验课程、课程设计、生产实习、科技创新活动、毕业实习和毕业设计（论文）等。

工程训练主要通过认知实习、金工实习、电子工艺实习和综合训练培养学生的工程意识和动手能力。

实验课程主要是利用认知性实验、验证性实验、综合性实验和设计性实验等多种形式和多样化内容，培养学生的实验设计、实施、调试和测试以及数据分析的能力。

课程设计主要是指专业主干课程中设置的课程设计环节，培养学生对机器人工程复杂问题进行表达、分析和评价的能力。

生产实习主要是利用相对稳定的实习基地，使学生了解和认识机器人的设计、制造和使用情况，了解机器人相关的主要生产装备的工作原理、过程、功能、技术特点和适用范围，了解主要的生产工艺流程，认识相关企业的生产组织方式和管理流程，了解典型机器人的原理、组成、功能及其应用。

科技创新活动主要是引导学生参加科技实践活动，包括大学生创业创新训练项目、学科竞赛和其他类型的科技活动，培养学生的创新意识、实践能力和团队精神。

毕业实习和毕业设计（论文）环节引导学生完成选题、调研、文献查阅和综述、方案论证、系统设计、试验验证、性能分析、沟通交流、论文（设计）撰写和答辩等训练环节，强化专业基本技能的训练，加强工程素质训练，培养学生综合运用所学知识分析和解决实际问题的能力。

3. 案例分析

以中国矿业大学（北京）机器人工程专业培养方案为例，分析机器人工程专业的知识体系。

该校机器人工程专业旨在培养基础知识扎实，专业面向宽厚，科学精神与人文素养协调发展，系统掌握数学、物理等自然科学和机器人机构、传感、控制与智能相关的基础知识、基本理论与基本技能，具有机器人系统设计、开发和应用能力，具有家国情怀、精英素养和能源特质，具有创新精神和实践能力，具有国际视野和可持续发展，可从事与机器人工程及相关领域的科学研究、系统设计、技术开发、工程应用、组织与管理工作的高素质创新型人才。

学制四年，最低毕业总学分为 176，其中实践教学环节 43 学分，创新创业教学环节不低于 7 学分。教学环节总体结构安排表和课程设置一览表见表 1.1 和表 1.2。

表 1.1 教学环节总体结构安排表

类别与性质			总学分		课内学分	
			学分数	占理论教学总学分比例	学分数	占课内总学分比例
理论教学环节	通识教育	通识教育必修课	59	46.82%	55.5	45.30%
		通识教育选修课	8.5	6.75%	8.5	6.94%
	专业教育	工程（学科）基础课	25.5	20.24%	25.5	20.82%
		专业必修课	19	15.08%	19	15.51%
		专业课程组	6	4.76%	6	4.90%
		国际化课程	2	1.59%	2	1.63%
		专业任选课	6	4.76%	6	4.90%
		合计	126	100%	122.5	100%
实践教学环节		必修总学分数	43			
		选修总学分数	0			
		合计	43			
创新创业教学环节		必修总学分数	7			
		选修总学分数	0			
		合计	7			
毕业最低总学分数			176			

表 1.2 课程设置一览表

课程类别	课程名称	总学分	总学时	理论学时	实验学时
工程（学科）基础类	工程制图	4	64	48	16
	电路分析基础	4	64	48	16
	工程力学	4	64	60	4
	模拟电子技术	3.5	56	48	8
	数字电子技术	3.5	56	40	16
	机械原理与设计	3.5	56	56	
	控制工程基础	3	48	40	8
专业必修类	单片机原理与接口技术	2.5	40	32	8
	机器人学（双语）	3	48	44	4
	机器人感知与交互技术	3	48	40	8
	信号分析与处理	2.5	40	36	4

(续)

课程类别		课程名称	总学分	总学时	理论学时	实验学时
专业必修类		嵌入式系统设计	2	32	24	8
		电机驱动与运动控制	2	32	28	4
		机器人机构与结构设计	2	32	32	
		人工智能（研讨课）	1	16	16	
		机器学习（研讨课）	1	16	16	
专业课程组（二选一）	机器人智能控制课程组	机器人系统设计与应用	2	32	28	4
		移动机器人定位与导航	2	32	28	4
		机器人建模与仿真	2	32	32	
	机器人智能感知课程组	机器人操作系统基础	2	32	32	
		语音识别与交互技术	2	32	28	4
		机器视觉与图像处理	2	32	28	4
国际化课程		微机电系统设计（全英文）	2	16	16	
		智能优化控制（全英文）	2	16	16	
		人工智能新技术	1	8	8	
		机器学习前沿	1	8	6	2
		自主移动机器人	2	16		
专业任选类		采矿机器人	2	32	32	
		机电一体化系统设计 B	2	32	28	4
		机器人前沿讲座	1	16	16	
		液压与气压传动与控制	2	32	32	
		计算机控制技术	2	32	32	
		现代控制概论	2	32	32	
		机器人控制系统设计与 matlab 仿真	2	32	24	8
		最优控制与智能优化算法	2	32		
		深度学习	2	32		
		群智能优化技术	1	16	16	
		计算机视觉 – OpenCV 应用技术	1	16	16	
		有限单元法及应用	2	32	32	
		三维几何造型及工程应用	2	32	16	16

1.4 机器人工程专业与相关专业的关系

1.4.1 与机械类专业的关系

机械学科是以有关的自然科学和技术科学为理论基础，结合生产实践中的技术经验，研究和解决在开发、设计、制造、安装、运用和修理各种机械中的全部理论和实际问题的应用学科。机械学科的主要任务是将各种知识、信息融入设计、制造和控制中，应用现代工程知识和各种技术，使设计制造的机械系统和产品能满足使用要求，并具有市场竞争力。其主干学科包括机械工程、材料科学与工程、动力工程及工程热物理。

机械工业是国家工业体系的核心产业，在国民经济发展中处于主导地位。机械类专业承担着机械工业专业人才的培养重任，直接影响着机械科学与技术的发展。同时，机械类专业人才培养所提供的相关教育对其他工程类专业人才的培养也具有基础性的意义。

机械工程为机器人本体的材料、加工制造、装配、维护和各种新型机器人机构设计提供原理、技术和学科支持，相关课程与知识包括工程图学、力学、机械设计原理与方法、机械制造工程原理与技术、机械传动与控制、机电系统设计、运动学与动力学建模与分析、公差与数据处理等。

机器人的本体结构是机器人的骨骼，没有了机械工程的支撑，就像一个人没有了骨架。图 1.1 为 ABB 公司的 IRB 8700 工业机器人，可承受荷重 800kg，工作范围达 4.2m。其设计、加工以及运动学和动力学分析都离不开机械工程学科的理论和技术支撑。

机械工程专业的应用方向侧重一般机电系统的设计与控制，也包括机器人机电部件、机电传动、机器人应用与测试工具、机器人工装设备、机器人辅助联动与作业机械设备。

图 1.1　ABB 公司的 IRB 8700 工业机器人

1.4.2　与自动化类专业的关系

自动化是信息科学的重要组成部分，是人类文明的重要标志之一。自动化科学与技术在工业、农业、商业、军事和交通等各行各业中应用广泛。自动化类专业综合性强，主干学科为控制科学与工程。自动化专业是以系统科学、控制科学和信息科学等新兴学科为理论基础，以电工技术、电子技术、传感技术、计算机技术和网络技术等先进技术为主要技术手段，以实现各类运动体的运动控制、各类生产过程的过程控制和各类系统的最优化等的跨学科综合性专业。

自动化专业为机器人系统提供过程和运动对象的自动控制与决策、智能感知与驱动、通信与人机交互理论、技术及系统等知识支撑，智能机器人本身也可以作为自动化专业的方向之一，侧重于机器人动力学建模与控制、工业机器人自动化、智能机器人系统设计构建等。其相关课程包括微机原理、自动控制原理、现代控制理论、优化方法、系统优化、系统设计与仿真、传感器与执行结构、智能信息处理等。

机器人关键部件及其在各行业的应用都离不开自动化相关技术，试想一下一台无人驾驶汽车，离开了自动化会是什么后果、还如何行驶。图 1.2 展示了工业机器人在流水线作业中的应用。图 1.3 为工业机器人的控制器。

1.4.3　与仪器类专业的关系

仪器是认识世界的工具，能够使人类的感觉、思维和体能器官得以延伸，使人类以最佳方式发展生产力和进行科学研究。仪器类专业以仪器科学与技术学科为基础，研究物质世界中信息获取、处理、传输和利用的理论、方法和实现途径，涉及计量学、物理学、化学、生

图 1.2 工业机器人在流水线作业中的应用

物学、材料学、机械学、电学、光学、计算机、自动控制和通信等多学科知识,具有多学科交叉和技术集成的特点。其核心知识领域包括传感机理及传感器应用、测量理论与测量技术、测控系统实现与工程应用等方面,培养具有测控系统与仪器设计、实现和应用能力的专业技术人才。该专业的主干学科是仪器科学与技术。

图 1.3 工业机器人的控制器

仪器类专业为机器人工程专业的精密机械设计、各种光机电传感器及感知设备、定位导航制导、部件及系统设计制作等提供学科支持。其相关课程包括传感器原理与应用、自动控制原理、微处理器与嵌入式系统设计、测控电路、精密机械设计基础、测控系统与仪器设计、无线传感器网络等。

机器人与外部世界交互时,要用视觉传感器去看,用力觉传感器去感受力的变化,用听觉传感器去听,用接近觉传感器去感知距离等,这些交互的实现都与仪器类专业有着密切的关系。可以这么说,没有仪器类专业的理论技术,没有了这些传感器,机器人就成了瞎子、聋子和瘸子。此外,在机器人的研发过程中仍需要各种测试仪器,如万用表、示波器和逻辑分析仪等。图 1.4 展示了机器人系统中的传感器。

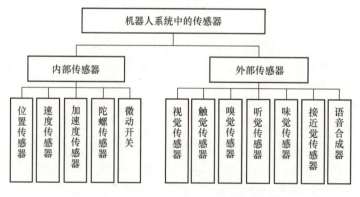

图 1.4 机器人系统中的传感器

1.4.4 与计算机类专业的关系

计算机科学与技术、软件工程和网络空间信息安全等计算机类学科,统称为计算学科。计算学科已经成为基础技术学科,通过在计算机上建立模型和系统,模拟实际过程进行科学调查和研究，通过数据搜集、存储、传输与处理等进行问题求解，包括科学、工程、技术和应用。计算机类专业的主干学科是计算学科，承担着培养计算机类专业人才的重任，培养具有包括计算思维在内的科学思维能力和设计计算解决方案、实现基于计算原理的系统的能力的高素质专门人才。

计算机类专业为传统和现代机器人控制和智能功能实现的硬件和软件运行提供平台技术，为嵌入式处理器、机器人系统与应用软件、人工智能技术提供学科基础，相关课程和知识包括数据结构（与算法）、计算机组成原理、（实时）操作系统、软件工程、人工智能、机器智能与机器学习、计算机网络（与安全）等。

机器人的智能化程度很大程度上取决于机器人的大脑，除了由硬件系统组成外，还需要有软件系统，如程序、算法和操作系统等，通过上述系统去理解世界，并根据各种数据做出决策去响应外部环境。人工智能和深度学习在机器人中的应用是当前的研究热点。图 1.5 展示了计算机成就的机器人神奇大脑。

图 1.5　计算机成就的机器人神奇大脑

1.4.5　与电子信息类专业的关系

信息科学和技术的发展对人类进步和社会发展产生了重大而深远的影响，是世界各国经济增长和社会发展的关键要素。发展信息产业是推进新型工业化发展的关键。电子信息类专业是伴随着电子、通信、信息和光电子技术发展而建立的，以数学、物理和信息论为基础，以电子、光子、信息及与之相关的元器件、电子系统、信息网络为研究对象，基础理论完备，内涵丰富。电子信息类专业的主干学科为电子科学与技术、信息与通信工程、光学工程等。电子信息类专业具有理工融合的特点，主要涉及电子科学与技术、信息与通信工程和光学工程学科领域的基础理论、工程设计和系统实现技术。

电子信息类专业为机器人电子线路、数字处理芯片、嵌入式处理器、数字信号处理、微电子与传感器执行器、光电检测、激光原理与器件等提供学科基础，涉及的相关课程有电路分析基础、数字电路基础、模拟电路基础、信号与系统、数字信号处理、（超大规模）集成电路设计、天线技术、雷达技术、导航与定位、移动通信、片上系统、光电目标探测与识别技术、语音信号处理等。图 1.6 展示的是电子信息类专业为机器人提供电子线路、处理器芯片与通信技术等。

1.4.6　与电气类专业的关系

电气工程是一个传统的学科，是围绕电能生产、传输和利用所开展活动的总成，涉及电气设备制造、发电厂与电网建设、系统调试与运行、信息处理、保护与系统控制、系统自动化与智能化等各个方面。电气类专业具有"强电"（电为能量载体）与"弱电"（电为信息载体）相结合、理论与实践紧密结合、服务领域广阔等特点。

电气类专业为机器人能源、动力和驱动系统提供学科基础。其相关课程有电路原理、数

图1.6 电子信息类专业为机器人提供电子线路、处理器芯片与通信技术等

字(模拟)电子技术、电机学、电机控制技术、电力电子技术(基础)、自动控制原理、电气控制与可编程控制器等。

机器人的能源供给问题往往是非常重要同时也是非常棘手的问题,尤其是对于移动机器人和电源匮乏的地区,电源是决定其续航能力的制约因素。研制高能量体积比的电池、高效能的电源转换模块和低功耗的控制器可在能源有限的情况下尽可能地增加机器人的连续工作时间。图1.7展示的是机器人核心部件之一的控制电机。

图1.7 机器人核心部件之一的控制电机

1.4.7 与人工智能相关专业的关系

人工智能是以计算机科学为基础,由计算机、心理学和哲学等多学科融合而成的交叉学科和新兴学科,是研究、开发用于模拟、延伸和扩展人的智能的理论、方法、技术及应用系统的一门新的学科技术。其企图了解智能的实质,并生产出一种新的能以与人类智能相似的方式做出反应的智能机器,该领域的研究包括机器人、语言识别、图像识别、自然语言处理和专家系统等。

人工智能专业和机器人工程专业都属于新工科专业之一。一方面,机器人学的进一步发展需要人工智能基本原理的指导,并采用各种人工智能技术;另一方面,机器人学的出现与发展又为人工智能的发展带来了新的生机,产生了新的推动力,并提供了一个很好的试验和应用场所,即人工智能在机器人学中找到实际应用,并使问题求解、搜索规划、知识表示和智能系统等基本理论得到进一步发展。机器人是人工智能的研究领域和方向之一,其核心课程包括人工智能导论、模式识别、智能机器人、机器学习、人机交互技术、计算机视觉、自然语言处理、控制原理、算法设计与分析、数据分析与大数据挖掘、群体智能、知识工程、自主智能系统等。

人工智能专业为机器人工程专业的传感器信息处理、规划、人机交互、模式识别、环境感知和处理、机器学习、自然语言理解等提供学科支撑。其相关课程主要有模式识别、机器学习、人机交互、自然语言处理和智能感知等。

人工智能和机器人是相辅相成的,只要一提到机器人,就会很自然地与人工智能联系在一起，反之亦然。人工智能的发展提升了机器人的智能化程度，出现了智能机器人。机器人应用领域的不断扩展和对智能化程度要求的不断提升极大地促进了人工智能技术的发展。机器人已经成为人工智能应用的载体。图1.8所示为人工智能与机器人之间相辅相成的关系。

1.5 机器人工程专业学习方法

图1.8 人工智能与机器人之间相辅相成的关系

1.5.1 大学课程这样学

1. 理论学习

"学习"有着深刻的内涵。"学"是对不知道的东西接纳的过程，是知新；"习"是不断重复，是温故。所以"学习"的原始意义就是一个人持续不断自我完善的过程。

加强理论学习"迫在眉睫"。然而一提到理论学习，一些学生就感到"乏味""枯燥"，出现"厌学""不学"的现象。但理论作为实践的"精华"，既来自实践，又指导实践，不仅要求坚持学习新理论，以求"学新知新"，还要善于对旧理论进行"温故"，力求"温故知新"。如果缺乏"理论武装"，必将缺乏"战斗火力"，在未来的人生道路上将"遍体鳞伤"，所以不妨在学习中多一点耐心、少一点急躁，多一些正能量、少一些负能量，积聚超强的"抗击力"和"战斗力"，实现自我价值。

2. 实操训练

理论知识源于实践且需经过不断的实践来验证。

写实践报告要经过团队合作、亲身体会、讨论和总结才能完成；新闻采访要经过写采访稿、采访、记录和编写才能成为新闻稿；要写出一篇好文章就要不断汲取知识充实自己，更要细致感受生活的纷呈从而转化为文字等。对于大学课程来说，书本上的概念必须经过动手实践才能真正实现学以致用。

机器人专业更是如此，只有勤思考、多动手和常实践才能真正了解和掌握机器人相关知识和技术的真谛。

3. 课外阅读

苏联著名教育家苏霍姆林斯基说得好："如果学生的智力生活仅局限于教科书，如果他做完了功课就觉得任务已经完成，那么他是不可能有自己特别爱好的科学的。"我们必须力争"使每一个学生在书籍的世界里有自己的生活"。

学生的知识体系是通过课内外的自主学习而逐渐建立起来的。广泛的课外阅读是学生搜集和汲取知识的一条重要途径。学生从课堂上掌握的知识是意识性的知识，需要再消化才能更好地理解吸收。学生可将自己从课内学到的知识融会到其从课外书籍中所获取的知识渠道中去，相得益彰，形成"立体"的、牢固的知识体系。

4. 主动咨询

所谓"学问"，就是"学"与"问"的结合，既要学又要问，缺一不可。学，是指掌握已知的；问，是指探索未知的。

学与问是相辅相成的，只有在学中问，在问中学，才能求得真知。

5. 积极参与项目

对一名刚刚接触专业知识的大学生来说，如果在学习专业课之前就直接接触深奥的专业知识是不科学的。为此，需要积极参与项目来获得更加实际的经验，更好地理解专业知识、应用专业知识，从项目实践中对这门即将从事的专业获得一个感性认识，为今后专业课的学习打下坚实的基础。

实践是大学生活的第二课堂，是知识常新和发展的源泉，是检验真理的试金石，也是大学生锻炼成长的有效途径。一个人的知识和能力只有在实践中才能发挥作用，才能得到丰富、完善和发展。

大学生在成长过程中要勤于实践，将所学的理论知识与实践相结合，在实践中继续学习，不断总结，逐步完善，有所创新，并在实践中提高自己由知识、能力和智慧等因素融合成的综合素质和能力，为今后的发展打下良好的基础。

1.5.2 科技实践揭秘

机器人工程是以机械、电子和计算机技术为主的跨学科专业，以培养具有坚实的科学基础、卓越的创新实践能力和广阔的国际视野，善于综合运用机器人及相关学科的理论与方法，能解决未来重大科学问题和工程挑战的引领人才为目标。在研究方向上，机器人工程涵盖了工业机器人、软体机器人、仿生机器人、医疗机器人、特种机器人、微型机器人以及人工智能、自主系统等新兴前沿科技领域，服务未来的前沿技术和基础产业需求，力争在短时间内对国家经济发展战略与规划的信息化、智能化以及制造业全面升级产生长远的积极影响。

1.5.3 大学生活你我谈

1. 认真安排好时间

可以制定一张作息时间表。一张作息时间表也许不能解决所有的问题，但是它能让你了解如何支配一周的时间，从而使你有充足的时间学习和娱乐。

2. 学习前先预习

先把要学习内容快速浏览一遍，了解大致内容及结构，以便能及时理解和消化学习内容。当然，要注意轻重详略，在不太重要的地方可以少花点时间，在重要的地方可以稍微放慢学习进程。

3. 充分利用课堂时间

学习成绩好的学生在很大程度上得益于课堂上对时间的充分利用，这也意味着在课后会少花些功夫。上课时，学生要及时配合老师，做好笔记来帮助自己记住老师讲授的内容，尤其重要的是要积极地独立思考，跟上老师的节奏。

4. 学习要有合理的规律

课后及时复习课堂上做的笔记，不仅要复习老师在课堂上讲授的重要内容，还要复习那些仍感觉模糊的知识。如果坚持定期复习笔记和课本，并做一些相关的习题，一定能更深刻地理解这些内容。

5. 有可能的话，找一个安静的、舒适的地方学习

选择某个地方作为学习之处，这一点很重要。它可以是单间书房或教室或图书馆，但必须是舒适的，安静而没有干扰。当开始学习时，应该全神贯注于功课，切忌"身在曹营心在汉"。

6. 树立正确的考试观

平时测验的主要目的是检验学习内容的掌握程度如何，所以不要弄虚作假，而应心平气和地对待它。或许有一两次的考试成绩不尽如人意，只要学习扎实，认真对待，下一次一定会考出好成绩来。通过测验，还可以了解下一步学习更需要用功夫的地方，更有助于把新学的知识记得牢固。

1.6 与机器人相关的大学生学科竞赛

1. 世界机器人大赛

世界机器人大赛自 2015 年起已举办了 8 届，是目前国内外影响广泛的机器人领域专业赛事。大赛是以选拔赛（WRCT）、总决赛（WRCF）和锦标赛（WRCC）构成的赛制，并围绕科研类、技能类和科普类三大竞赛方向开展，共设共融机器人挑战赛、BCI 脑控机器人大赛、机器人应用大赛、青少年机器人设计大赛四大赛事。

科研类"共融机器人挑战赛"和"BCI 脑控机器人大赛"通过竞赛活动集中展示机器人在智能制造、助残康复和特种救援等领域的创新成果，并围绕年度热点技术增加专项竞赛任务；技能类"机器人应用大赛"比拼选手对机器人的操作技能和机器人的工业设计能力；科普类"青少年机器人设计大赛"为广大参赛青少年提供了一个国际化创新展示平台，通过竞赛激发青少年选手的研究创新精神、团队协作、策略分工和动手实践等综合能力。同时，大赛同期会举办学术会议、创新成果展示和人才服务等活动。

共融机器人挑战赛以"人-机-环境共融"为主题，强调共融机器人技术在智能制造及医疗康复方面的实际应用，突出机器人与人、机器人和环境合作融合的各项技术特点，汇聚了"共融机器人基础理论与关键技术研究"重大研究计划的创新成果。图 1.9 展示的是共融机器人挑战赛情景。

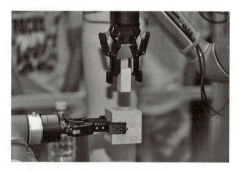

图 1.9 世界机器人大赛——共融机器人挑战赛情景

BCI 脑控机器人大赛以未来脑机接口实用系统为背景，从稳态视觉诱发电位（Steady-State Visual Evoked Potential，SSVEP）、视觉事件相关电位（Visual Event Related Potential，ERP）、运动想象和情绪识别四个方向设置技术赛及技能赛。脑机接口（BCI）是指通过对神经系统电活动和特征信号的收集、识别及转化，使人脑发出的指令能够直接传递给指定的机器终端，从而使人对机器人的控制和操作更为高效便捷，该项技术在人与机器人的交流沟通领域有着重大的创新意义和使用价值。图 1.10 展示的是 BCI 脑控机器人大赛情景。

图 1.11 展示的是青少年机器人设计大赛情景，青少年机器人设计大赛已不断深入到教育科普、技术创新、全球合作和成果落地等方面。

机器人应用大赛围绕校企合作，搭建产教融合的交流服务平台，充分展示了职业院校、高等院校学生使用各类智能机器人开展操作技能应用和工业设计应用的实践动手能力、创新设计能力以及团队协作能力。图 1.12 展示了机器人应用大赛情景。

图1.10　世界机器人大赛——BCI脑控机器人大赛情景

图1.11　世界机器人大赛——青少年机器人设计大赛情景

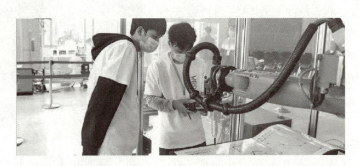

图1.12　世界机器人大赛——机器人应用大赛情景

2. 全国大学生机器人大赛ROBOTAC赛事

全国大学生机器人大赛ROBOTAC赛事是中国原创的机器人科技竞技赛事。ROBOTAC的含义是ROBOT（机器人）+TACTIC（策略、战略）。ROBOTAC赛事融合了电竞游戏的特点，使科技创新实践为基础，团队配合为策略，强化机器人对抗竞技的特点，使机器人科技竞技赛事具有科普性和娱乐性。图1.13所示为全国大学生机器人大赛ROBOTAC赛事的场景。

"铁甲钢拳，接触对抗"，ROBOTAC赛事将网络游戏与机器人比赛相结合，规则灵活。在符合规则的前提下，参赛选手可以自行设计如车型、人型及多样仿生型的机器人，设置执行机构。比赛场地分为上中下三路和双方高地，每一条道路都设置有不同的地形和障碍，参赛队伍根据场地特点，有针对性地制作、调试机器人来适应不同的道路。比赛中，双方机器人军团通过直接接触对方机器人或者攻击对方基地堡垒得分。

图 1.13 全国大学生机器人大赛 ROBOTAC 赛事的场景

ROBOTAC 对抗赛,规则简单,创意无限,充满了娱乐性、科技性和观赏性,为青少年学生提供了一个轻松有趣的竞技平台,激发了参赛学生的创新思维和创新能力。图 1.14 所示为 ROBOTAC 赛事部分参赛的机器人。

图 1.14 ROBOTAC 赛事部分参赛的机器人

3. 全国大学生机器人大赛 RoboMaster 赛事

全国大学生机器人大赛 RoboMaster 是中国具有影响力的机器人项目,是面向全球开放的机器人竞技平台,包含机器人赛事、机器人生态以及工程文化等多项内容。RoboMaster 大赛是国内激战类机器人竞技比赛,包含面向高等院校群体的"高校系列赛"、面向 K12 群体的"青少年挑战赛"以及面向社会大众的"全民挑战赛"三大竞赛体系。图 1.15 为 2019 年 RoboMaster 大赛现场。

高校系列赛设置的赛事有超级对抗赛、高校联盟赛、高校单项赛和高校人工智能赛等赛项。其中,超级对抗赛面向全球高校开放。高校联盟赛由地方学术机构及高校申办,辐射周边高校参赛,参赛队伍可通过积分体系晋级到超级对抗赛。高校单项赛侧重机器人某一技术领域的学术研究,鼓励各参赛队深入挖掘技术,精益求精,将机器人做到极致。单项赛包含多项挑战项目,参赛队伍仅需研发 1 台机器人便可完成一项挑战,挑战

图 1.15 2019 年 RoboMaster 大赛现场

项目主要有"步兵竞速与智能射击""工程采矿""飞镖打靶"和"英雄吊射"等。高校人工智能挑战赛自 2017 年起先后在新加坡、澳大利亚、加拿大和中国(西安市)落地执行。

图 1.16 为 RoboMaster 大赛中曾获得冠军的部分参赛机器人。

 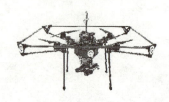 

图 1.16 曾获得冠军的部分参赛机器人

除了大赛本身，RoboMaster 还有与机器人相关的夏令营、俱乐部和机器人课程等科技项目，为科技爱好者提供了一个平台。

4. 全国大学生机器人大赛 Robocon 赛事

全国大学生机器人大赛 Robocon 赛事是在 2002 年发起的一个大学生机器人创意和制作比赛，每年举办一次。该赛事是"亚太大学生机器人大赛（ABU Robocon）"的国内选拔赛，大赛的冠军队代表中国参加 ABU Robocon。每年比赛的主题和规则由 ABU Robocon 的承办国制定和发布，全国大学生机器人大赛 Robocon 赛事采用这个规则进行比赛。参赛者需要综合运用机械、电子、控制和计算机等知识和技术手段，经过约十个月的制作和准备，利用机器人完成规则设置的任务。图 1.17 为第十八届全国大学生机器人大赛 Robocon 赛事情景。

 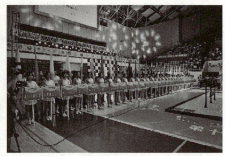

图 1.17 第十八届全国大学生机器人大赛 Robocon 赛事情景

5. 全国大学生机器人大赛机器人创业赛

全国大学生机器人大赛机器人创业赛旨在引导广大高校学生积极投身"大众创业，万众创新"的时代潮流，更好地推动机器人科技创新发展，使机器人科技及其产品更好地为大众服务。大赛下设创业实践类（A 类）和创业计划类（B 类）2 项主体赛事。创业实践类（A 类）面向高等学校在校学生或毕业未满 3 年的高校毕业生，要求拥有或授权拥有机器人产业相关产品或服务，并已在工商、民政等政府部门注册登记为企业、个体工商户或民办非企业单位等组织形式，且企业注册时间在赛事举办当年的 5 月 31 日之前。创业计划类（B 类）面向高等学校在校学生，项目要求拥有或授权拥有产品或服务，具有核心团队，具备实施创业的基本条件，但尚未在工商、民政等政府部门注册登记。参赛队伍以创业团队形式参赛，原则上创业实践类团队人数不超过 10 人，创业计划类团队人数不超过 5 人，可跨校组队。参赛项目分为智能软件、机器人构件及核心功能部件、工业机器人、服务机器人和其他共 5 个方向。

6. 全国机器人锦标赛暨国际仿人机器人奥林匹克大赛

全国机器人锦标赛暨国际仿人机器人奥林匹克大赛是国内规模较大、影响力较强的一年一度全国智能机器人技术比武大赛。大赛宗旨一方面是为青少年大学生科学精神与创新能力的培养提供平台,另一方面是为智能机器人关键技术的研究,尤其是为小型仿人机器人为主体的社会服务机器人的技术开发和机器人文化艺术的发展提供环境条件。赛事设四大类共40种比赛项目,包含轮式移动机器人、仿人机器人、无人机比赛和水下机器人的足球、舞蹈、服务和格斗等各类比赛。

7. FIRA 机器人足球比赛

FIRA 机器人足球比赛由韩国高等技术研究院(Korea Advanced Institute of Science and Technology, KAIST)的金钟焕(Jong – Hwan Kim)教授于1995年提出,并于1996年在韩国举办了第一届国际比赛。FIRA 中国分会于2000年在哈尔滨工业大学成立,从2012年开始,该分会与国际仿人机器人奥林匹克大赛合并为"全国机器人锦标赛暨国际仿人机器人奥林匹克大赛"。

8. RoboCup 机器人世界杯

RoboCup 机器人世界杯是世界机器人竞赛领域影响力大、综合技术水平高和参与范围广的专业机器人竞赛,由加拿大大不列颠哥伦比亚大学教授 Alan Mackworth 在1992年首次提出。其目的是通过机器人足球比赛,为人工智能和智能机器人学科的发展提供一个具有标志性和挑战性的课题,为相关领域的研究提供一个动态对抗的标准化环境。从1997年开始,分别在日本、法国、瑞典、澳大利亚、美国、德国、韩国、意大利、葡萄牙、中国、奥地利、新加坡、土耳其、墨西哥、荷兰和巴西等十余个国家和地区进行了比赛。

RoboCup 机器人世界杯中国赛(RoboCup China Open)是 RoboCup 机器人世界杯的正式地区性赛事。2017年,RoboCup 机器人世界杯中国赛共有来自全国近350所学校和机构的410支参赛队伍,近2000名参赛人员参加了包括 RoboCup 足球类人组、中型组、仿真组、小型组、标准平台组、RoboCup 救援组、RoboCup 家庭组、RoboCup 青少年足球、救援、舞蹈、CoSpace 项目以及 RoboCup 青少年标准平台、太空机器人之战、灵巧控制等共16个大项,30个比赛项目。图1.18为 RoboCup 机器人世界杯中国赛赛事情景。

图 1.18 RoboCup 机器人世界杯中国赛赛事情景

9. 华北五省(市、自治区)大学生机器人大赛

华北五省(市、自治区)大学生机器人大赛是由北京、天津、河北、山西和内蒙古教委(教育厅)共同举办的机器人大赛,共有九大类比赛项目。大赛以"智能服务,创新未来"为主题,着力推动大赛的优化升级,对标国家和行业发展需求,鼓励大学生将理论知识应用于工程实践,引领大学生在机器人和人工智能领域创新创业,推动大学生科技作品与市场应用相结合,以有效培养大学生的创新精神、创业意识和创新创业能力。

10. 中国工程机器人大赛暨国际公开赛（RoboWork）

RoboWork 自 2011 年发起设立，经过几年的发展，已经形成搬运工程、竞技工程、竞速工程和生物医学工程等面向工程应用、突出创新实践、在国内有一定影响力的机器人科技竞赛活动。

RoboWork 的机器人竞赛项目，紧密结合"工程""应用"和"实践"三个关键词，通过完成一个非常明确和具体的工程任务，来代替人或协助人进行工作。RoboWork 竞赛项目具有应用目标明确、强调动手实践、强调实际掌握和注重知识获取等明显特点。各大项目均以技术水平为标准设置了不同类型的单项，低端项目技术入门门槛不高，后期的高端单项技术可扩展性和提升空间较大。

1.7 本章总结

本章首先介绍了本书的目的和意义，总结了机器人工程专业的发展历史和现状，分析了机器人工程专业的学科内涵、人才培养与知识体系，然后阐述了机器人工程专业与相关专业的关系，讨论了机器人工程专业的学习方法，最后给出了一些与机器人相关的大学生学科竞赛。

第 2 章

机器人概述

2.1 机器人的起源与发展历史

机器人一词的出现和世界上第一台工业机器人的问世都是近几十年的事情,然而人们对机器人的幻想与追求却已有3000多年的历史。人类希望制造一种像人一样的机器,以便代替人类完成各种工作。

据战国时期记述官营手工业的《考工记》一则寓言记载,早在西周时期,中国的偃师(古代一种职业)用动物皮、木头和树脂制造了能歌善舞的伶人,不仅外貌完全像一个真人,而且还有思想感情,甚至有了情欲。虽然这是寓言中的幻想,但其利用了战国当时的科技成果,也是中国最早记载的木头机器人雏形。据《墨经》记载,春秋后期,中国著名木匠鲁班曾制造过一只木鸟,能在空中飞行"三日不下"。西晋时期崔豹撰写的《古今注》中记载的指南车,又称司南车,是人类最早记载的自动机械,使用差动齿轮装置驱动车上方指示方向的小人。相传指南车是由轩辕黄帝或周公所发明。在《西京杂记》记载有:"司南车,驾四,中道"。据资料记载,东汉时期的张衡、三国时期的诸葛亮和马钧、南北朝时期的祖冲之、北宋时期的苏颂等都各自制造了指南车这一令人叹为观止的自动机械装置,图2.1为古代指南车复原图。张衡的另一个发明叫作"记里鼓车",图2.2为记里鼓车复原图,该车每行一里,车上木人击鼓一下,每行十里击钟一次。三国时期诸葛亮发明了一种能替代人运输物资的机器——"木牛流马",能运送粮草,在羊肠小道上也能行走如飞。这些装置反映了我国古代先贤的杰出智慧,也体现出自古以来人们对于使用自动机械来解放生产的思索和努力。

图2.1 古代指南车复原图

图2.2 记里鼓车复原图

世界上其他国家对于机器人的记载可追溯到荷马史诗《伊利亚特》，其中火神赫淮斯托斯（Hephaestus）创造了一组木偶金人作为他的助手。可以考证到最早的自动机械装置则可以追溯至公元前 16 世纪的古巴比伦和古埃及的漏壶。漏壶是一种机械计时工具，亦称为水钟，是一种让水流出容器，通过容器中剩余水量来判断时间的容器。而希腊人和罗马人为漏壶加入了传动和擒纵装置，在一定程度上提升了其精度。

公元前 400 年，柏拉图（Plato，公元前 427—公元前 347 年）的朋友、数学力学之父阿尔库塔斯（Archytas）设计出类似鸽子的能够飞翔的木质机器，如图 2.3 所示。公元前 2 世纪，古希腊人发明了以水、空气和蒸汽压力为动力的可以动的雕像——太罗斯。它可以自己开门，还可以借助蒸汽唱歌，可谓是最原始的自动机，在 18 世纪到 19 世纪发展为以发条装置作为动力源的机器。公元前 250 年，西比乌斯创造了一台能够自主运行的精巧自动机——漏壶，如图 2.4 所示。

图 2.3　数学力学之父阿尔库塔斯设计出的类似鸽子的能够飞翔的木质机器

8 世纪到 17 世纪，欧洲迎来了中世纪和文艺复兴时期，加扎利（Jazari，1136—1206 年）发明了分段齿轮和许多由水驱动的自动机器，包括自动孔雀、可以续杯的侍女服务员等。达·芬奇将自己对人体解剖学的研究应用到人形机器上发明了机械骑士，由一系列滑轮和齿轮驱动，能够转动其胳膊和头部，还能坐下和站立，如图 2.5 所示。

14 世纪，欧洲的机械钟表业开始兴起，各种观赏钟表吸引了各方贵族争相收藏。15 世纪，德国纽伦堡的恒莱茵发明了一台便携式计时器，同时发明了钟表的发条结构。进入 17 世纪后，灵巧的钟表匠发挥技艺制作了一个个精美的自动机器。

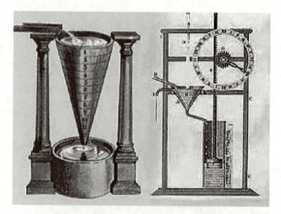

图 2.4　西比乌斯创造的能够自主运行的精巧自动机——漏壶

1662 年，竹田近江将钟表技术应用于自动机器偶人的制作，采用鲸鱼胡须和木制齿轮制作"竹田式自动装置"。流传下来的文物包括"端茶玩偶"，即一个装有轮子的木偶，双手捧一茶盘，将茶杯放在茶盘上，木偶就会向前行进，当客人取茶杯后会自动停止。田中久重制作的射箭童子堪称当时自动装置偶人的最高杰作，从江户时代末期到明治时代一直为日本民众所熟悉。一男童偶人，神态从容地接连四次拉弓射箭，其动作和表情酷似真人，如

图 2.6 所示。

1738 年，法国天才技师杰克·戴·瓦克逊发明了一只机器鸭，它会嘎嘎叫，会游泳和喝水，还会进食和排泄。同年，法国钟表匠鲍康逊制造出齿轮传动的机械鸭子，可以完成振翅、鸣叫和啄米等动作，如图 2.7 所示。

18 世纪至 19 世纪中叶，欧洲爆发第一次工业革命，开创了以机器代替手工劳动的时代，又称机器时代。随着英国人瓦特（Watt，1736—1819 年）改良蒸汽机，其模型如图 2.8 所示，一系列技术引发手工劳动向机器生产发生转变，进而扩散到欧洲大陆，并随后传播到美洲和亚洲。

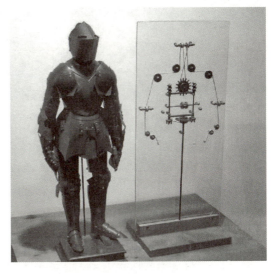

图 2.5　达·芬奇发明的机械骑士复原图

图 2.6　田中久重制作的射箭童子

1770 年，匈牙利发明家沃尔夫冈·冯·肯佩伦（Wolfgang Von Kempenlen）创造了"土耳其行棋傀儡"，为取悦玛丽娅·特蕾西娅女大公而建造并展出。该机器可以击败人类棋手，也可以执行"骑士巡逻"。1854 年，该机器人开始巡回演出，直到此时人们才发觉原来精密的机器中竟然藏着象棋高手。1912 年由 Leonardo Torres y Quevedo（莱昂纳多·托雷斯·维克多）创造的 El Ajedrecista（直译为"棋手"）是真正的国际象棋机器人，被认为是视频游戏的先驱，在 1914 年的巴黎世界博览会上首次亮相就引起巨大的轰动并倍受赞誉。这台设备能够与人对弈，并通过电路外加一套磁铁系统实现

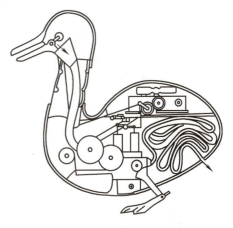

图 2.7　机械鸭子

图 2.8　瓦特与其改良的蒸汽机模型

棋子移动,如图 2.9 所示。

1768—1774 年间,皮埃尔·亚奎特·德罗兹(Pierre Jaquet-Droz)父子制造了 3 台可以动的玩偶机器人"The Writer(作家)""The Musician(乐师)"和"The Draughtsman(制图员)",分别由 6000 个、2500 个和 2000 个元件组成,如图 2.10 所示。其中,"The Writer"是一个三岁男孩样貌的机器人,由发条驱动,当上紧发条后,它会用鹅毛笔蘸一下墨水,然后在白纸上写上预定的语句。为了使机器人可以创作不同的词句,德罗兹制作了 40 个只读的凸盘,这可视为可编程机器人的雏形。

图 2.9　Leonardo Torres y Quevedo 创造的国际象棋机器人

a) 皮埃尔·亚奎特·德罗兹　　　　b) 玩偶机器人

图 2.10　皮埃尔·亚奎特·德罗兹父子制造的玩偶机器人

1801 年,法国发明家约瑟夫·玛丽·雅卡尔(Joseph Marie Jacquard,1752—1834 年)设计出可编程织布机,极大地提升了纺织效率。为了控制织布机上的编织图样,雅卡尔开发了一套打洞卡片系统。后来,这套系统激发了 IBM(国际商业机器公司)创建者使用打洞卡来记录数据和计算机编程。

1822 年,英国数学家、发明家查尔斯·巴贝奇(Charles Babbage,1792—1871 年)发

明了差分机和分析机,提出利用多项式 N 次阶差的特性,通过齿轮运转带动十进制的加减法,并制作了部分样机,但由于工艺复杂,大量精密仪器制造困难,当时只能做出完成品的很少部分。

1945 年,奥地利发明家约瑟夫·费博(Joseph Faber)在费城和伦敦相继展出他发明的"歌雀"机器人。该机器人是一个会说话的机器,由数个不同的机械装置和乐器组成,包括钢琴、波纹管和机械仿生喉管,作为发声器使用。该机器将人形面孔和键盘相连,可以控制面部嘴唇、下巴和舌头,并通过调节鼻子上的螺钉来调整音调和口音。

19 世纪末期,西方主要国家基本完成工业革命,科学技术迎来爆发期。美国发明家尼古拉·特斯拉(Nikola Tesla,1856—1943 年)发明了无线电,并于 1898 年设计并展示了无线电遥控船模型。这种机器人遥控技术直到几十年后才得到普及。

1927 年,美国西屋电气公司(Westinghouse Electric Corporation)工程师温兹利制造了电动机器人——电报箱。它装有无线电发报机,可以回答一些问题,但不会走动,在纽约举办的世界博览会上展出,颇受关注。1934 年,该公司又推出能说话的机器人"威利",但仍不会走动。

1928 年,一位英国工程师(Alan Reffell)与一位一战老兵(William Richards 上尉)共同创造了机器人"Eric",如图 2.11 所示。其由两人进行操作,头部与手臂能够移动,并能通过无线电信号进行通话。据报道,"Eric"动作系统由一系列齿轮、绳索与滑轮实现控制,且口中能够喷出火花。

1929 年,日本生物学家西村真琴(Makoto Nishimura)制造了"学天则"机器人,如图 2.12 所示。该机器人是一个可以写字并改变表情的机器人,高约 3m,右手执笔,左手持灯,脸部由橡胶制成,可通过齿轮与弹簧运动改变面部表情。它的眼睛、脸颊、嘴角、脖子和手腕均可活动,能够书写汉字。遗憾的是,这台机器人在德国巡演时不慎丢失。

图 2.11　英国工程师 Alan Reffell 与一战老兵 William Richards 创造的机器人"Eric"

图 2.12　日本生物学家西村真琴制造的"学天则"机器人

1920 年,捷克斯洛伐克作家卡雷尔·恰佩克发表了科幻剧本《罗萨姆的万能机器人》,如图 2.13 所示。恰佩克在剧本中把捷克语"Robota"(捷克文,原意为"劳役、苦工")写成了"Robot",引起了大家的广泛关注,被视为"机器人"一词的起源。

1950 年,美国作家艾萨克·阿西莫夫(Isaac Asimov)在他的科幻小说《我,机器人》中首次使用了"Robotics",即"机器人学",如图 2.14 所示。阿西莫夫提出了"机器人三原则"。

图 2.13　卡雷尔·恰佩克及其发表的科幻剧本《罗萨姆的万能机器人》

图 2.14　美国作家艾萨克·阿西莫夫（Isaac Asimov）与《我，机器人》

第一原则：机器人不应伤害人类，且在人类受到伤害时不可袖手旁观。

第二原则：机器人应遵守人类的命令，与第一条违背的命令除外。

第三原则：机器人应能保护自己，与第一条相抵触者除外。

机器人学术界一直将这三原则作为机器人开发的准则，阿西莫夫因此被称为"机器人学之父"。后来，人们不断提出对机器人三原则的补充、修正和发展，又提出了下面几个原则。

第零原则：机器人不得实施行为，除非该行为符合机器人原则。

第四原则：除非违反高阶原则，机器人必须执行内置程序赋予的职能。

繁殖原则：机器人不得参与机器人的设计和制造，除非新机器人行为符合机器人原则。

有了以上六条原则，机器人就不会成为"欺师灭祖""犯上作乱"的反面角色，而是人类忠实的奴仆和朋友。同时，为了维护国家和世界的整体秩序，若有一个人或一群人危害了人类整体利益，机器人为保护人类整体利益必须杀掉他（们），机器人的内置程序就会同意这种谋杀行为。

工业机器人的研究最早可追溯到第二次世界大战后不久。在 20 世纪 40 年代后期，橡树岭和阿贡国家实验室就已经开始实施计划，研制遥控式机械手，用于搬运放射性材料。这些系统是"主从"型的，用于准确地"模仿"操作员手和臂的动作。主机械手由使用者进行导引做一连串动作，而从机械手尽可能准确地模仿主机械手的动作，通过机械耦合主、从机械手的动作加入力的反馈，使操作员能够感觉到从机械手及其环境之间产生的力。20 世纪

50年代中期，机械手中的机械耦合被液压装置所取代，如通用电气公司的"巧手人"机器人和通用制造厂的"怪物"Ⅰ型机器人。

1954年，美国人乔治·德沃尔（George C. Devol Jr.）提出了工业机器人方案"程序化部件传送设备"并在1961年获得美国专利。1957年，德沃尔与有"机器人之父"美誉的约瑟夫·恩格尔伯格（Joseph F. Engelberger）（见图2.15）联合创办了机器人公司万能自动公司Unimation，1959年制造出了工业机器人尤尼梅特（Unimate），即万能自动之意，如图2.16所示。该机器人是一台用于压铸的五轴液压驱动机器人，手臂的控制由一台计算机完成，采用了分离式固体数控元件，并装有存储信息的磁鼓，能够记忆完成180个工作步骤，重达2t，精确度达（1/10000）in（1in＝2.54cm）。1961年，Unimation公司生产的工业机器人在美国特伦顿（新泽西州首府）的通用汽车公司安装运行，用于生产汽车的门、车窗把柄、换挡旋钮、灯具固定架以及汽车内部的其他硬件等。

图2.15　Joseph F. Engelberger（左）和George C. Devol Jr.（右）

图2.16　工业机器人尤尼梅特

1983年，恩格尔伯格和他的同事们将Unimation公司卖给了西屋公司（1989年转售给瑞士史陶比尔Stäubli公司），并创建了TRC公司，开始研制服务机器人。1988年，恩格尔伯格的新公司开始销售护士助手（Helpmate）医疗机器人，如图2.17所示。依靠大量的传感器，护士助手能够在医院自由行动，协助护士提供送饭、送药和送信等服务。

图2.17　TRC公司推出的护士助手（Helpmate）医疗机器人

1958年，美国机械与铸造（American Machine and Foundry，AMF）公司研制了数控自动

通用机沃尔萨特兰（Verstran），意为"万能搬动"，是一种可编程圆柱坐标工业机械臂。它主要用于机器之间的物料运输，采用液压驱动。该机器人的手臂可以绕底座回转，沿垂直方向升降，也可以沿半径方向伸缩。1962年，AMF公司推出了连续轨迹传送机械臂Model102和点对点传送机械臂Model212，并以"Industrial Robot"为商品广告投入市场。同年，AMF制造的6台Verstran机器人应用于美国坎顿（Canton）的福特汽车生产厂，如图2.18所示。一般认为机器人Unimate和Verstran是世界上最早的工业机器人。

1962—1963年，传感器的应用提高了机器人的可操作性，机器人上开始安装各种各样的传感器。1961年，恩斯特在机器人中采用了触觉传感器，1962年，托莫维奇和博尼在世界上最早的"灵巧手"上用到了压力传感器，1963年，麦卡锡在机器人中加入视觉传感系统，并在1964年帮助MIT（麻省理工学院）推出了带有视觉传感器、能识别并定位积木的机器人系统。

1965年，约翰·霍普金斯大学应用物理实验室研制出Beast机器人，能通过声呐系统、光电管等装置，根据环境校正自己的位置。20世纪60年代中期开始，美国MIT、斯坦福大学、英国爱丁堡大学等陆续成立了机器人实验室；美国兴起了对第二代带传感器、"有感觉"的机器人的研究。1968年，美国斯坦福研究所公布了他们研发成功的机器人Shakey，该机器人带有视觉传感器，能根据人的指令发现并抓取积木，可以算是一台智能机器人，如图2.19所示。

图2.18　AMF公司研制的Verstran可编程圆柱坐标工业机械臂

图2.19　1968年美国斯坦福研究所研制的智能机器人Shakey

1966年，美国海军使用机器人"科沃"潜至750m深的海底，成功地打捞起一枚失落的氢弹，使人们首次认识到机器人潜在的军事应用价值。1969年，美国使用机器人驾驶的列车为运输纵队排险除障，获得巨大成功。2003年，机器人参与了火星探险计划，两台漫游者机器人用于完成探索火星表面和地质的任务。

1969年，通用汽车公司在其洛兹敦（Lordstown）装配厂安装了点焊机器人，挪威Trallfa公司提供了商业化应用的喷漆机器人；Unimation公司的工业机器人进入日本市场；日本早稻田大学加藤一郎实验室研发出以双脚走路的机器人，加藤一郎被誉为"仿人机器人之父"。1972年，意大利的菲亚特汽车公司（FIAT）和日本日产汽车公司（Nissan）安装运行了点焊机器人生产线。1973年，德国库卡公司（KUKA）对其使用的Unimate机器人进行改造，推出机电驱动的6轴产业机器人，命名为Famulus。同年，日本日立公司（Hitachi）开发出供混凝土桩行业使用的自动螺栓连接机器人，是安装有动态视觉传感器的工业机器人。

1974年，小型计算机控制的工业机器人走向市场。日本川崎重工公司将用于制造川崎摩托车框架的Unimate点焊机器人改造成弧焊机器人，同年还开发了具有触摸和力学感应、带精密插入控制功能的机器人，命名为"Hi-T-Hand"。瑞典通用电机公司（ASEA，ABB公司的前身）开发出全电力驱动、由微处理器控制的工业机器人IRB6。1975年，Olivetti公司开发出直角坐标机器人"西格玛（SIGMA）"，是应用于组装领域的工业机器人，并在意大利的一家组装厂安装运行。1978年，美国Unimation公司推出通用工业机器人（Programmable Universal Machine for Assembly，PUMA），并将其应用于通用汽车装配线，标志着工业机器人技术已经完全成熟。

1978年，日本山梨大学（University of Yamanashi）的牧野洋（Hiroshi Makino）发明了选择顺应性装配机器手臂（Selective Compliance Assembly Robot Arm，SCARA），即SCARA工业机器人。1984年，美国Adept Technology（爱德普机器人）公司开发出能直接驱动的SCARA，命名为AdeptOne。

1978年，德国徕斯（Reis）机器人公司开发了拥有独立控制系统的六轴机器人RE15。1979年，日本不二越株式会社（Nachi）研制出电机驱动的机器人。1981年，美国卡内基-梅隆大学的Takeo Kanade设计开发出直接驱动机器人手臂（Direct Drive Robotic Arms），美国PaR Systems公司推出龙门式工业机器人。1984年，瑞典ABB公司生产出当时速度最快的装配机器人IRB1000。1985年，德国库卡公司开发出一款新的Z形机器人手臂，摒弃了传统的平行四边形造型。

1992年，瑞典ABB公司推出一个开放式控制系统（S4），改善了人机界面并提升了机器人的技术性能。1996年，德国库卡公司开发出基于个人计算机的机器人控制系统。2004年，日本安川机器人公司开发了改进的机器人控制系统（NX100），它能够同步控制4台机器人，可达38轴。

2000年，我国独立研制的具有人类外形、能模拟人类基本动作的类人型机器人在长沙国防科技大学问世。2001年，美国MIT研发出了有模拟感情的机器人。2003年，德国库卡公司开发出娱乐机器人Robocoaster。2014年，英国雷丁大学研究表明，有一台超级计算机成功让人类相信它是一个13岁的男孩儿，成为通过"图灵测试"的机器。2015年，国际"网红"——Sophia（索菲亚）诞生。2017年10月26日，索菲亚在沙特阿拉伯首都利雅得举行的"未来投资倡议"大会上获得了沙特公民身份，成为获得公民身份的机器人，

图2.20 获得国家公民身份的机器人——索菲亚

如图2.20所示。2017年，还有很多让人惊讶的机器人诞生，如全球首款社交机器人Jibo，会翻跟头的人形机器人Atlas等。

1985年，上海交通大学机器人研究所完成了"上海一号"弧焊机器人的研制，是我国自主研制的6自由度关节机器人。1988年，上海交通大学机器人研究所完成了"上海三号"机器人的研制。1990年，我国自主研发了工业喷漆机器人PJ-1。1997年，我国6000m无缆水下机器人试验应用成功，标志着我国水下机器人技术已达到世界先进水平。

2014年,国内"机器人制造机器人"生产线投产。2015年,我国研制出自主运动可变形液态金属机器人。2010年5月至7月,我国自行设计、自主集成研制的蛟龙号载人潜水器在中国南海进行了多次下潜任务,最大下潜深度达到了7020m。2020年11月10日,我国新一代载人深海潜水器奋斗者号在挑战者深渊成功坐底,深度达10909m,带回了海水、岩石以及生物等珍贵样品,标志着我国成功获得了全海深科考作业的能力,成为国际上有能力潜入马里亚纳海沟海洋最深处的国家,图2.21为我国自主研制的奋斗者号深海潜水器。

图2.22是中国科学院沈阳自动化研究所研制出的"海斗一号"全海深自主遥控潜水器。它具有独特的"三合一"多模式操控和作业模式,在无缆自主(AUV)模式下,潜水器可以在海底自由穿梭,实现大范围自主巡航观测;在遥控(ROV)模式下,潜水器通过光纤微缆与母船连接,可在指定海底区域进行定点精细观测和机械手作业,可通过光纤微缆实现回传海底高清影像;在自主遥控混合(ARV)模式下,潜水器通过光纤与母船连接,既可以大范围自主巡航观测,又可以进行定点精细观测、采样作业和实时影像回传,还能够通过所携带的机械手采集样品,观测与作业模式可以像"汽车换挡"一样灵活切换,更好地满足了科学家们对于深渊科考的需求。2021年10月,该潜水器实现了对"挑战者深渊"西部凹陷区的大范围全覆盖声学巡航探测,取得了全海深无人潜水器万米科考应用的世界级成果,标志着我国无人潜水器技术与装备进入了全海深探测与作业应用的新阶段,也标志着我国在全海深无人潜水器领域正在迈向国际领先水平,正在实现由"并跑"向"领跑"的转变。

图2.21 我国自主研制的奋斗者号深海潜水器

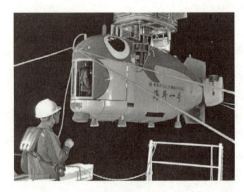

图2.22 "海斗一号"全海深自主遥控潜水器

1970年,美国工业机器人研讨会在美国芝加哥举行。1971年,该研讨会升级为国际工业机器人研讨会(International Symposium on Industrial Robots,ISIR)。同一年,日本机器人协会(Japanese Robot Association)成立。1977年,世界上负有盛名的机器人荣誉奖恩格尔伯格(Engelberger)机器人奖颁布。1987年,国际机器人联合会(International Federation of Robotics,IFR)成立。1988年,IFR发布了全球工业机器人统计报告。

纵观机器人发展历史,大致可以分为三个阶段。

第一代机器人:示教再现型机器人,特点是只有记忆、存储能力,按相应编制的程序重复作业,对周围环境基本没有感知和反馈控制能力。代表性的机器人为Unimation公司于1979年推出的PUMA机器人。它有6个自由度,全电动驱动,关节式结构,多CPU二级微机控制,采用VAL专用语言,可配置视觉、触觉和力觉传感器,是一种技术较为先进的工业机器人,现代的工业机器人结构基本上都是以此为基础的。

第二代机器人：有感觉的机器人，特点是能够获得作业环境和作业对象的部分有关信息，并进行一定的实时处理，引导机器人进行作业。它是随着传感技术，包括视觉传感器、非视觉传感器（力觉、触觉和接近觉等）以及信息处理技术的发展而发展起来的。第二代机器人已经进入实用化阶段，主要代表是工业机器人，在汽车、飞机、钢铁冶炼、电子和通信等核心工业生产中发挥了重要作用。

第三代机器人：智能机器人，特点是具有更加完善的环境感知能力，而且还具有逻辑思维、判断、学习、推理和决策能力，可根据作业要求与环境信息进行自主工作。以达芬奇"内窥镜手术器械控制系统"手术机器人和 iRobot 扫地机器人为代表，在医疗、康复和家庭服务等领域得到了成功应用，还出现了以 ASIMO、Atlas、Robonaut3、Yume 和 BigDog 等为代表的智能机器人与系统，提升了人类生活质量，且能够在复杂危险的环境中代替人类进行作业。

2.2 机器人的概念与特点

2.2.1 机器人的概念

从 1920 年捷克斯洛伐克作家卡雷尔·恰佩克提出"机器人"一词至今，已有 100 多年的历史，但要给机器人下一个合适的并为人们普遍接受的定义却很困难，至今还没有机器人的统一定义。对它下定义还因公众对机器人的想象和科学幻想小说、电影和电视中对机器人形状的描述而变得更为困难。为了规定技术、开发机器人新的功能和比较不同国家和公司的成果，就需要对机器人这一术语有某些共同的理解和认识。至今，国际上对机器人还没有统一的定义，但各国有自己的定义。专家们采用不同的方法来定义机器人，而这些定义之间差别较大。

关于机器人的定义，国际上主要有如下几种。

1）英国简明牛津字典的定义：机器人是"貌似人的自动机，具有智力的和顺从于人的但不具人格的机器"。这一定义并不完整正确，因为还不存在与人类相似的机器人在运行。这是一种理想的机器人。

2）美国机器人协会（RIA）的机器人定义：机器人是"一种用于移动各种材料、零件、工具或专用装置，通过可编程动作来执行各种任务，并具有编程能力的多功能操作机械手（manipulator）"。这一定义比较实用，但不全面，仅符合工业机器人。

3）日本工业机器人协会（JIRA）的定义：工业机器人是"一种装备有记忆装置和末端执行器（end effector）的，能够转动并通过自动完成各种移动来代替人类劳动的通用机器"，或是"一种能够执行与人的上肢类似动作的多功能机器"。智能机器人是"一种具有感觉和识别能力，并能够控制自身行为的机器"。前一种是广义工业机器人的定义，后一种则分别对工业机器人和智能机器人进行定义。

4）美国国家标准与技术研究院（NIST）的定义：机器人是"一种能够进行编程并在自动控制下执行某些操作和移动作业任务的机械装置"。这也是一种广义的工业机器人的定义。

5）国际标准化组织（ISO）的定义：机器人是"一种自动的、位置可控的、具有编程能力的多功能机械手，这种机械手具有几个轴，能够借助于可编程序操作来处理各种材料、零件、工具和专用装置，以执行种种任务"。这种定义与美国 RIA 的定义比较相似。

6)《中国大百科全书》对机器人的定义：能灵活地完成特定的操作和运动任务，并可再编程序的多功能操作器；而对机械手的定义为：一种模拟人手操作的自动机械，它可按固定程序抓取、搬运物件或操持工具完成某些特定操作。

7) 百度百科对机器人的定义：机器人是"一种能够半自主或全自主工作的智能机器"，"具有感知、决策、执行等基本特征，可以辅助甚至替代人类完成危险、繁重、复杂的工作，提高工作效率与质量，服务人类生活，扩大或延伸人的活动及能力范围"。

8) GB/T 12643—2013/ISO 8373：2012《机器人与机器人装备 词汇》中给出的机器人定义：机器人是"具有两个或两个以上可编程的轴，以及一定程度的自主能力，可在其环境内运动以执行预期的任务的执行机构"。

9) 1967 年在日本召开的第一届机器人学术会议上，人们提出了两个有代表性的定义。一个是森政弘与合田周平提出的"机器人是一种具有移动性、个体性、智能性、通用性、半机械半人性、自动性、奴隶性七个特征的柔性机器"。森政弘从这一定义出发又提出了用自动性、智能性、个体性、半机械半人性、作业性、通用性、信息性、柔性、有限性和移动性 10 个特征来表示机器人的形象。另一个是加藤一郎提出的，具有如下三个条件的机器可以称为机器人：①具有脑、手和脚三要素的个体；②具有非接触传感器（用眼、耳接收远方信息）和接触传感器；③具有平衡觉和固有觉的传感器。该定义强调了机器人应当具有仿人的特点，即它靠手进行作业，靠脚实现移动，由脑来完成统一指挥的任务。非接触传感器和接触传感器相当于人的五官，使机器人能够识别外界环境，而平衡觉和固有觉则是机器人感知本身状态所不可缺少的传感器。

10) 我国科学家对机器人的定义：机器人是"一种自动化的机器，具备一些与人或生物相似的智能能力，如感知能力、规划能力、动作能力和协同能力，是一种具有高度灵活性的自动化机器"。

随着机器人技术的发展和智能程度的提高，人们对机器人的内涵和外延有了更多的认识。机器人的范畴不但要包括"由人类制造的像人一样的机器"，还应包括"由人类制造的生物"，甚至包括"人造人"（尽管我们不赞成制造这种人）。当前机器人的内涵可以用三个词概括：操作臂、海陆空和人机共融。操作臂代表传统工业机器人；海陆空代表水下机器人、智能车和无人机等；人机共融则涵盖了仿生机器人、类生机器人、拟人机器人和康复医疗机器人等。熊有伦院士在《机器人学：建模、控制与视觉》一书中指出：机器人集合可以定义为它的三个子集之并，即

{机器人} = {操作臂} ∪ {海陆空} ∪ {人机共融}

2.2.2 机器人的特点

一般认为机器人应具有的共同特点为：

1) 机器人的动作机构具有类似于人或其他生物的某些器官的功能。

2) 是一种自动机械装置，可以在无人参与下（独立性），自动完成多种操作或动作功能，即具有通用性；可以再编程，程序流程可变，即具有柔性（适应性）。

3) 具有不同程度的智能性，如具有记忆、感知、推理、决策和学习等能力。

在机器人具有的众多特点中，通用性和适应性是机器人的两个最主要特点，而机动性和操作性用于衡量机器人实现所要求的运动功能和作业的能力。

1. 通用性（versatility）

通用性是指某种执行不同的功能和完成多样的简单任务的实际能力。机器人的通用性取决于其几何特性和机械能力。通用性也意味着，机器人具有可变的几何结构，即根据生产工作需要进行变更的几何结构；或者说，在机械结构上允许机器人执行不同的任务或以不同的方式完成同一工作。现有的大多数机器人都具有不同程度的通用性，包括机械手的机动性和控制系统的灵活性。

必须指出，通用性不是由自由度单独决定的。增加自由度一般能提高机器人的通用性程度，但是还必须考虑其他因素，特别是末端装置的结构和能力，如它们能否适用不同的工具等。

2. 适应性（adaptability）

机器人的适应性是指其对环境的自适应能力，即所设计的机器人能够自我执行未经完全指定的任务，而不管任务执行过程中所发生的没有预计到的环境变化。这就要求机器人能够认识其环境，即具有人工知觉。在这方面，机器人使用其下述能力：

1）运用传感器感测环境的能力。
2）分析任务空间和执行操作规划的能力。
3）自动指令模式能力。

迄今为止所开发的机器人知觉与人类对环境的解释能力相比，仍然是十分有限的。这个领域内的某些重要研究工作正在进行之中。

对于工业机器人来说，适应性是指它所编好的程序模式和运动速度能够适应工件尺寸和位置以及工作场地的变化。这里，主要考虑两种适应性：

1）点适应性。它涉及机器人如何找到点的位置。例如，找到开始程序操作点的位置。

点适应性具有四种搜索（允许对程序进行自动反馈调节），即近似搜索、延时近似搜索、精确搜索和自由搜索。近似搜索允许传感器在程序控制下沿着程序方向中断机器人运动。延时近似搜索能够在编程传感器被激发一定时间之后中断机器人的运动。精确搜索能够使机器人停止在传感器信号出现变化的精确位置上。自由搜索能够使机器人找到满足所有编程传感器的位置。

2）曲线适应性。它涉及机器人如何利用由传感器得到的信息沿着曲线工作。

曲线适应性包括速度适应性和形状适应性两种。速度适应性涉及选择最佳运动速度的问题。即使有了完全确定的运动曲线，选择最佳运动速度仍然很困难。有了速度适应性之后，就能够根据传感器提供的信息，来调整机器人的运动速度。形状适应性要求工具跟踪某条形状未知的曲线。

综合运用点适应性和曲线适应性，机器人能够对程序进行自动调整。初始的编制程序仅仅是个粗略的程序，然后由系统自行适应实际的位置和形状。

3. 机动性（mobility）**和操作性**（manipulation）

机动性和操作性用于衡量机器人实现所要求的运动功能和作业的能力，涉及操作臂的可达性、奇异性，多指手的灵巧性、抓取的封闭性，步行机器人的步态、步行的稳定性，多臂协调、多指协调、手眼协调操作和顺应控制，移动机器人的视觉伺服、多传感器集成、信息融合和环境场景的建立等。机动性和操作性可使机器人实现在非结构环境中的自律运动，具备在突变环境下的随机应变的运动能力。

机动性是衡量机器人运动功能的重要指标，不仅与机器人的机械系统和控制系统有关，而且与机器人的感知系统有关，与机械结构的自由度、构型、尺度，以及材料的刚度、柔性和软体等也有关。

2.3 机器人的组成与分类

2.3.1 机器人系统的组成

1886 年，法国作家利尔·亚当在他的小说《未来的夏娃》中将外表像人的机器命名为"安德罗丁"（Android），它由以下四部分组成：

1）生命系统：具有平衡、步行、发声、身体摆动、感觉、表情和调节运动等功能。

2）造型解质：关节能自由运动的金属覆盖体，一种盔甲。

3）人造肌肉：在上述盔甲上有肌肉、静脉和性别特征等人体的基本形态。

4）人造皮肤：含有肤色、肌理、轮廓、头发、视觉、牙齿和手爪等。

现在的机器人系统，一般由机械手、环境、任务和控制器四个互相作用的部分组成，如图 2.23a 所示，图 2.23b 为其简化形式。

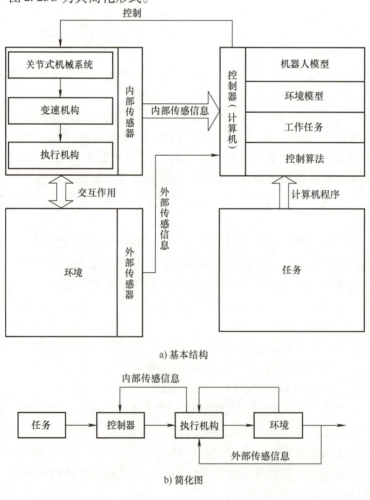

a) 基本结构

b) 简化图

图 2.23 机器人系统

机械手是具有传动执行装置的机械，通常由臂、关节和末端执行机构（工具等）组成，组合为一个相互连接和互相依赖的运动机构。机械手用于执行指定的作业任务，具有不同的结构类型。有的文献中称机械手为操作机、机械臂或操作手。大多数机械手是具有几个自由度的关节式机械结构，通常是六个自由度。其中，前三个自由度引导装置至所需位置，而后三个自由度用来决定末端执行机构的方向。

环境即机器人所处的周围环境。环境不仅由几何条件（可达空间）所决定，而且由环境和它所包含的每个事物的全部自然特性所决定。机器人的固有特性，由这些自然特性及其环境间的相互作用所决定。

在环境中，机器人会遇到一些障碍物和其他物体，它必须避免与这些障碍物发生碰撞，并对这些物体产生作用。

机器人系统中的一些传感器设置在环境中某处而不在机械手上面。这些传感器是环境的组成部分，称为外部传感器。

环境信息一般是确定的和已知的，但在许多情况下，环境具有未知的和不确定的性质。

一般把任务定义为环境的两种状态（初始状态和目标状态）间的差别。必须用适当的程序设计语言来描述这些任务，并把它们存入机器人系统的控制计算机中去。这种描述必须能为计算机所理解。随着所用系统的不同，语言描述方式可为图形、口语（语音）或书面文字。

计算机是机器人的控制器或大脑。机器人接收来自传感器的信号，对之进行数据处理，并按照预存信息、机器人的状态及其环境情况等，产生控制信号去驱动机器人的各个关节。

对于技术比较简单的机器人，计算机只含有固定程序；对于技术比较先进的机器人，可采用程序完全可编的小型计算机、微型计算机或微处理机作为其大脑。具体来说，在计算机内可存储下列信息：

1) 机器人动作模型，表示执行装置在激发信号与随之发生的机器人运动之间的关系。

2) 环境模型，描述机器人在可达空间内的每一个事物。例如，说明由于哪些区域存在障碍物而不能对其起作用。

3) 任务程序，使计算机能够理解其所要执行的作业任务。

4) 控制算法，是计算机指令的序列，提供对机器人的控制，以便执行需要做的工作。

2.3.2 机器人分类

IFR 将机器人分为两大类，即工业机器人和服务机器人，如图 2.24 所示。

由于我国在应对自然灾害、军事消防和公共安全事件中，对特种机器人有着突出的需求，中国电子学会将机器人分为工业机器人、服务机器人和特种机器人三大类，如图 2.25 所示。

机器人的分类方法多种多样，有按机器人机械构型和工作空间分类的，有按控制方式分类的，有按机器人智能程度分类的，有按应用领域分类的，有按运动方式分类的，有按使用空间分类的，不一而足。

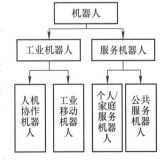

图 2.24 IFR 机器人分类

1. 按机械构型和工作空间分类

机器人机械臂的构型多种多样，最常见的构型是用坐标特性来描述的，包括笛卡儿坐标结构、圆柱坐标结构、球面坐标

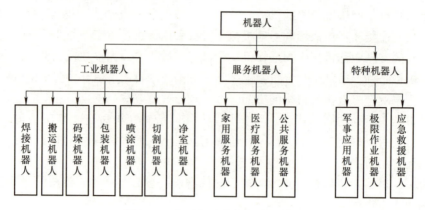

图 2.25 中国电子学会机器人分类

结构和关节式球面坐标结构等。

(1) 笛卡儿坐标机器人

机械臂在由 x、y、z 轴组成的右手直角坐标系内做直线运动,该坐标系称为笛卡儿坐标系,该机器人则称为笛卡儿机器人,如图 2.26 所示,其中 x、y、z 轴的运动分别表示机械臂的行程、高度和手臂伸出长度。其工作空间是一个长方体、立方体或棱柱体的区域。

笛卡儿坐标机器人需要预留大量的操作空间,但刚性结构提供了末端执行器的精确位置。该类型的机器人通常是采用旋转电动机配上螺母和滚珠丝杠实现直线运动,因而维护困难。堆积在螺杆中的灰尘会影响机器人的平滑运动,滚珠丝杠采用刚性高的材料以保持其高刚度,因而造价较高。

(2) 圆柱坐标机器人

圆柱坐标机器人采用一个旋转关节和两个平移关节,主要由垂直柱子、水平手臂(机械手)和底座构成。水平机械手安装在垂直柱子上,能自由伸缩,并可沿垂直柱子做上下运动。垂直柱子安装在底座上,与水平机械手一起在底座上做回转运动。其运动坐标是圆柱坐标,相应的末端执行器的运动包络为圆柱体的一部分,如图 2.27 所示。该类型的机器人能到达所有控制区域,但不能伸展到自己上方,不能绕开障碍物移动,水平运动为圆形轨迹。

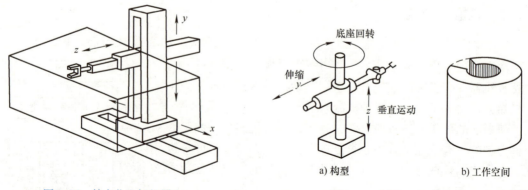

图 2.26 笛卡儿坐标机器人　　　　　图 2.27 圆柱坐标机器人

(3) 球面坐标机器人

球面坐标机器人采用两个旋转关节和一个平移关节,主要由机械手和底座构成,如

图 2.28 所示。机械手能够里外伸缩移动,并可在垂直平面上俯仰摆动以及绕底座在水平面上做回转运动。其运动坐标是球形坐标,末端执行器的运动包络为球体的一部分。该类型的机器人能到达所有控制区域,能到达障碍物上下方,工作空间大,但不能伸展到自己的上方,垂直方向的位移较短。

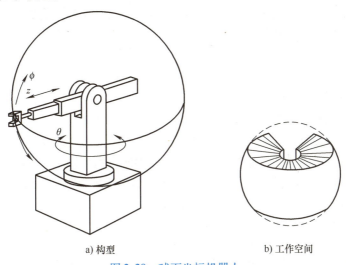

图 2.28 球面坐标机器人

（4）关节坐标机器人

关节坐标机器人也称为关节式球面坐标机器人,仅采用旋转关节,主要由底座（或躯干）、上臂和前臂构成,在上臂和底座间有个肩关节,在前臂和上臂间有个肘关节。上臂和前臂可在通过底座的垂直平面上运动,如图 2.29 所示。其运动坐标为旋转坐标。

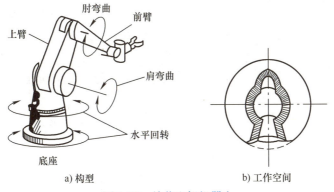

图 2.29 关节坐标机器人

2. 按控制方式分类

按照控制方式可把机器人分为非伺服控制机器人和伺服控制机器人两种。

（1）非伺服控制机器人（non-servo robots）

非伺服控制机器人按照预先编好的程序顺序进行工作,使用终端限位开关、制动器、插销板和定序器来控制机器人机械手的运动。其中,插销板用来预先规定机器人的工作顺序,往往是可调的。定序器是一种定序开关或步进装置,按照预定的顺序接通驱动装置的动力源,带动机器人的手臂、腕部和抓手等装置运动。当移动到由终端限位开关规定的位置时,限位开关向定序器发送信号,并使终端制动器动作切断驱动动力源,使机械手停止运动。非伺服控制机器人工作能力有限，往往涉及那些叫作"终点""抓放"或"开关"式的机器人，尤其是"有限顺序"机器人。

（2）伺服控制机器人（servo-controlled robots）

伺服控制机器人通过伺服反馈控制系统，控制其末端执行器以一定的规律运动，到达规定的位置或速度等。伺服系统的被控制量可以为机器人末端执行器的位置、速度、加速度或力等。与非伺服控制机器人相比，伺服控制机器人具有更强的工作能力，因而价格较贵，在某些情况下不如简单的机器人可靠。

伺服控制机器人又可分为点位伺服控制和连续路径（轨迹）伺服控制机器人两种。

1）点位伺服控制机器人能够在其工作空间内精确编入程序的三维点之间运动。一般只对其一段路径的端点进行示教，而且机器人是以最快和最直接的路径从一个端点移到另一个端点。这些端点可设置在已知移动轴的任何位置上。点与点之间的操作总是有点不平稳，即使同时控制两个轴，其运动轨迹也很难完全一样。因此，点位伺服控制机器人用于只有终端位置是重要的而对终端之间的路径和速度不做主要考虑的场合。点位伺服控制机器人的初始程序比较容易设计，但不易在运行期间对编程点进行修正。由于没有行程控制，机器人的实际工作路径可能与示教路径不同。这种机器人具有很大的操作灵活性，其负载能力和工作范围均较出色，常采用液压驱动。

2）连续路径（轨迹）伺服控制机器人能够平滑地跟随某个预先规定的路径，其轨迹往往是某条不在预编程端点停留的曲线路径。连续路径伺服控制机器人具有良好的控制和运行特性；其数据是依时间采样的，而不是依预先规定的空间点采样，这样，就能够把大量的空间信息存储在磁盘或光盘上。这种机器人的运行速度较快，功率较小，负载能力也较小，因此常用于喷漆、弧焊、抛光和磨削等应用场合。

3. 按机器人智能程度分类

按智能程度可把机器人分为一般机器人和智能机器人。智能机器人又可进一步分为传感型机器人、交互型机器人和自主型机器人。

（1）一般机器人

一般机器人是指只具有一般编程能力和操作功能，不具有智能的机器人。

（2）传感型机器人

传感型机器人也称为外部受控机器人，其本体上没有智能单元，只有执行机构和感应机构。它具有利用传感信息（包括视觉、听觉、触觉、接近觉、力觉和红外、超声及激光等）进行传感信息处理，实现控制与操作的能力。目前机器人世界杯的小型组比赛使用的机器人就属于这种类型的机器人。

（3）交互型机器人

交互型机器人可通过计算机系统与操作员或程序员进行人-机对话，实现对机器人的控制与操作。交互型机器人具有部分处理和决策功能，能够独立完成一些如轨迹规划、简单的避障等任务，但是还要受到外部的控制。

（4）自主型机器人

自主型机器人无须人为干预就能够在各种环境下自动完成各项任务。其本体上具有感知、处理、决策和执行等模块，可以像一个自主的人一样独立地活动和处理问题。许多国家都非常重视全自主移动机器人的研究。

智能机器人的研究从20世纪60年代初开始，经过几十年的发展，目前，基于感觉控制的智能机器人（又称第二代机器人）已达到实际应用阶段，基于知识控制的智能机器人（又称自主机器人或下一代机器人）也取得较大进展，已研制出多种样机。

4. 按应用领域分类

根据应用领域不同，机器人可分为工业机器人、个人/家用服务机器人、公共服务机器人、特种机器人和其他应用领域机器人。

（1）工业机器人

工业机器人一般是指自动控制的、可重复编程和多用途的操作机，可对三个或三个以上的轴进行编程，可以是固定式或移动式，在工业自动化中使用。按其使用用途可分为搬运（码垛、分拣）作业/上下料机器人、焊接（点焊、弧焊等）机器人、喷涂机器人（见图2.30）、加工（研磨、抛光、冲压、锻造和切割等）机器人、装配（包装、拆卸等）机器人、洁净机器人和其他工业机器人。

（2）个人/家用服务机器人

个人/家用服务机器人是指在家居环境或类似环境下使用的，以满足使用者生活需求为目的的服务机器人。按其使用用途可分为家务机器人、教育机器人、娱乐机器人、养老助残机器人、家用安监机器人、个人搬运机器人和其他个人/家用服务机器人，如图2.31所示。

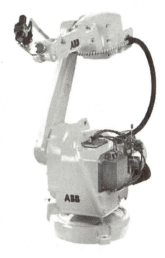

图2.30　ABB公司生产的IRB52型喷涂机器人

a）家务机器人

b）娱乐机器人

c）陪伴教育机器人

图2.31　个人/家用服务机器人

（3）公共服务机器人

公共服务机器人是指在住宿、餐饮、金融、清洁、物流、教育、文化和娱乐等领域的公共场合为人类提供一般服务的商用机器人。按其使用用途可分为餐饮机器人、讲解导引机器人、多媒体机器人、公共游乐机器人、公共代步机器人和其他公共服务机器人,如图2.32所示。

a)巡查机器人　　　b)清洁消毒机器人　　　c)讲解导引机器人　　　d)餐饮机器人

图 2.32　公共服务机器人

(4) 特种机器人

特种机器人是指应用于军事、特殊环境等专业领域,一般由经过专门培训的人员操作或使用的,辅助和/或替代人执行任务的机器人。按其使用用途可分为检查维修机器人、专业检测机器人、搜救机器人、专业巡检机器人、侦察机器人、排爆机器人、专业安装机器人、采掘机器人、专业运输机器人、手术机器人、康复机器人和其他特种机器人。如图2.33所示为消防灭火侦察机器人。

图 2.33　消防灭火侦察机器人

5. 按运动方式分类

按照运动方式,机器人可分为轮式机器人、足腿式机器人、履带式机器人、蠕动式机器人、飞行式机器人、浮游式机器人、潜游式机器人和其他运动方式机器人。

(1) 轮式机器人

轮式机器人是指利用轮子实现移动的移动机器人。按其驱动方式可分为双轮驱动机器人、三轮驱动机器人、全方位驱动机器人和其他轮式机器人。

(2) 足腿式机器人

足腿式机器人是指利用一条或多条腿实现移动的移动机器人。按其腿的数量可分为双足机器人、三足机器人、四足机器人和其他足腿式机器人。

(3) 履带式机器人

履带式机器人是指利用履带实现移动的移动机器人。按其驱动履带及关节数量可分为单节双履机器人、双节双履机器人、多节多履机器人和其他履带式机器人。

(4) 蠕动式机器人

蠕动式机器人是指利用自身蠕动装置实现移动的移动机器人。按其移动方向可分为上下蠕动机器人、左右蠕动机器人和其他蠕动式机器人。

(5) 飞行式机器人

飞行式机器人也叫空中机器人,是指利用自身的飞行装置飞行移动的移动机器人。按其起飞方式可分为直升飞行机器人、滑行飞行机器人、手抛飞行机器人和其他飞行式机器人。

（6）浮游式机器人

浮游式机器人也叫水面机器人，是指利用自身的推进装置在水面上实现移动的移动机器人。按其推进方式可分为螺旋桨浮游机器人、平旋推进浮游机器人、喷水浮游机器人、喷气浮游机器人和其他浮游式机器人。

（7）潜游式机器人

潜游式机器人也叫水下机器人，是指利用下潜、潜游装置实现下潜游动的移动机器人。按其运动方式可分为拖曳潜游机器人、自主潜游机器人和其他潜游式机器人。

（8）其他运动方式机器人

其他运动方式机器人主要包括固定式机器人、复合式机器人、穿戴式机器人、喷射式机器人和除上述（1）~（7）运动方式之外的机器人。

6. 按使用空间分类

按使用空间分类，机器人可分为地面/地下机器人、水面/水下机器人、空中机器人、空间机器人和其他使用空间机器人。

（1）地面/地下机器人

地面/地下机器人是指在地平面上/地平面以下辅助和/或替代人执行任务的机器人，可进一步分为室内地面机器人、室外地面机器人、井下机器人和其他地下机器人。

（2）水面/水下机器人

水面/水下机器人是指在水面上/水面以下辅助和/或替代人执行任务的机器人，可进一步分为内河水面机器人、海洋水面机器人、浅水机器人和深水机器人等。

（3）空中机器人

空中机器人是指在空中进行试验、操作和探测等活动的机器人。按中国民航局空域分类可分为中低空机器人、高空机器人和其他空中机器人。

（4）空间机器人

空间机器人是指在太空中进行试验、操作和探测等活动的机器人，可进一步分为空间站机器人、星球探测机器人和其他空间机器人。

7. 按机械结构分类

按机械结构分类，机器人可分为垂直关节型机器人、平面关节型机器人、直角坐标型机器人、并联机器人和其他结构类型机器人。

8. 按编程方式分类

根据编程和控制方式，机器人可分为编程型机器人、主从机器人和协作机器人。

（1）编程型机器人

编程型机器人按其编程方式可分为示教编程机器人、离线编程机器人和其他编程机器人。

（2）主从机器人

主从机器人按其控制方式可分为单向主从机器人、双向主从机器人和其他主从机器人。

（3）协作机器人

协作机器人是指为了与人直接交互而设计的机器人，可分为人机协作机器人和其他协作机器人。

2.4 典型机器人剖析

机器人作为一个完整的系统，一般由机械手或移动底盘、末端执行器、驱动器、传感器、控感器、处理器和软件等典型的部件构成。

1. 机械手或移动底盘

机械手或移动底盘是机器人的主体部分，由连杆、活动关节及其他结构部件组成。

2. 末端执行器

末端执行器是连接在机械手最后一个关节（手）上的部件。它一般用来抓取物体，与其他机构连接或执行其他需要的任务。机器人生产厂商一般仅提供一个简单的抓持器，而不涉及或出售末端执行器。一般来说，机器人手部都备有能连接专用末端执行器的接口。末端执行器是为某种用途专门设计并安装在机器人上以完成给定环境中任务的部件，通常由机器人终端用户工程师或外面的顾问来完成。焊枪、喷枪、涂胶装置及部件处理的专用器具等是几个末端执行器的例子。大多数情况下，末端执行器的动作由机器人控制器直接控制，或将机器人控制器的信号传送到末端执行器自身的控制装置，如可编程逻辑控制器（PLC）。

3. 驱动器

驱动器是机械手的肌肉和筋络。控制器将控制信号传送到驱动器，再控制机器人关节和连杆的运动。常见的驱动器有伺服电动机、步进电动机、气缸及液压缸等，还有一些用于某些特殊场合的新型驱动器。驱动器是由控制器控制的。

4. 传感器

传感器用来收集机器人内部状态的信息或用来感知外部环境并进行通信。像人一样，机器人控制器也需要知道每个连杆的位置才能知道机器人的总体构型。即使当人早晨醒来时没有睁开眼睛或处于完全的黑暗中，也会知道胳膊和腿在哪里，这是因为肌腱内中枢神经系统中的神经传感器将信息反馈给了人的大脑。大脑利用这些信息来测定肌肉伸缩程度，进而确定胳膊和腿的状态。机器人也同样如此，集成在机器人内部的传感器将每个关节和连杆的信息发送给控制器，于是控制器就能确定机器人当前的构型状态。就像人有视觉、触觉、听觉、味觉和语言功能一样，机器人也常配有许多外部传感器，如视觉系统、触觉传感器、语言分析与合成器等，以使机器人能与外界进行通信。

5. 控制器

机器人控制器与人的小脑十分相似，虽然小脑的功能没有人的大脑功能强大，但它却控制着人的运动。机器人控制器从计算机（系统的大脑）获取数据，控制驱动器的动作，并与传感器反馈的信息一起协调机器人的运动。假如要求机器人从箱柜里取出一个零件，则它的第一个关节角度必须是35°。若关节不在这个角度，控制器就会发送信号给驱动器，驱使它运动，这个过程可能是发送电流给电动机、发送气流给气缸或发送信号给液压伺服阀。它还能通过固定在关节上的反馈传感器（电位器或编码器等）测量关节变化的角度，当关节达到了指定的值时，信号就会停止。在更复杂的机器人中，机器人的速率和受力也都由控制器控制。

6. 处理器

处理器是机器人的大脑，用来计算机器人关节的运动，确定每个关节应移动多少和多远才能达到预定的速度和位置，并且监督控制器与传感器协调动作。处理器通常就是一台计算机,只不过是一种专用计算机。它也需要有操作系统、程序和像监视器那样的外部设备等,而且具有同样的局限性和功能。在一些系统中,控制器和处理器集中在一个单元中,而在有些系统中它们是分开的,甚至有一些系统中,控制器由制造商提供,而处理器则由用户提供。

7. 软件

用于机器人的软件大致分三部分。第一部分是操作系统,用来操作处理器;第二部分是机器人软件,根据机器人的运动方程计算每个关节的必要动作,这些信息是要传送到控制器的;这些软件有多种级别,即从机器语言到现代机器人使用的复杂高级语言不等;第三部分是面向应用的子程序集合和针对特定任务为机器人或外部设备开发的程序,这些特定的任务包括装配、机器载荷、物料处理及视觉例程等。

2.5 机器人的优缺点

在实际应用中,机器人的优缺点有很多,主要表现在以下几个方面:

1)机器人和自动化技术在多数情况下可以提高生产率、安全性、效率、产品质量和产品的一致性。

2)机器人可以在放射性、黑暗、高温和高寒、海底和空间等危险的环境下工作,而无须考虑生命保障或安全。

3)机器人无须舒适的环境,如考虑照明、空调、通风及噪声隔离等。

4)机器人能不知疲倦、不知厌烦地持续工作,它们不会有心理问题,做事不拖沓,不需要医疗保险或假期。

5)机器人除了发生故障或磨损外,将始终如一地保持固有的精确度。

6)机器人具有比人高得多的精确度。典型的直线位移精度可达千分之几英寸,新型的半导体晶片处理具有微英寸级的精度。

7)机器人和其附属设备及传感器具有某些人类所不具备的能力。

8)机器人可以同时响应多个激励或处理多项任务,而人类一般一次只能响应一个现行激励。

9)机器人代替人工,也会带来经济的困境、工人的不满与抱怨,以及被替换的劳动力的再培训等问题。

10)机器人缺乏应急能力,不能很好地处理紧急情况,除非该紧急情况能预知并已在系统中设置了应对方案。同时,还需要有安全措施来确保机器人不会伤害操作人员及与它一起工作的机器。这些情况包括:①不恰当或错误的反应;②缺乏决策的能力;③断电;④机器人或其他设备的损伤;⑤人员伤害。

11)机器人有很多不足的地方,首先是其能力仍有局限性,包括:①认知、创新、决策和理解;②自由度和灵活性;③传感器和视觉系统;④实时响应。其次,机器人费用开销大,引起的原因是:①原始的设备和安装费;②需要周边设备;③需要培训;④需要编程。

2.6 机器人的自由度

为了确定空间某点的位置,必须指定三个坐标数据,如沿直角坐标轴的 x、y 和 z 三个坐标量,只要有三个坐标数据便可确定该点的位置。虽然这三个坐标数据可以用不同的坐标系来表示，但没有坐标系是不行的。试想一下，能不能用两个或四个坐标数据表示？显然，两个坐标数据不能确定点在空间中的位置，而三维空间不可能有四个坐标数据。

同样地，要确定一个刚体在空间的位置，首先需要在该刚体上选择一个点并指定该点的位置，因此需要三个坐标数据来确定该点的位置。然而，即使物体的位置已确定，仍有无数种方法来确定物体关于所选点的姿态。为了完全定位空间的物体，除了确定物体上所选点的位置外，还需确定该物体的姿态，这就意味着需要六个坐标数据才能完全确定刚体物体的位置和姿态。基于同样的理由，需要有六个自由度才能将物体放置到空间的期望位置和姿态。

为此，机器人需要有六个自由度，才能随意地在它的工作空间内放置物体。也就是说，具有六个自由度的机器人能够按任意期望的位置和姿态放置物体。如果机器人具有较少的自由度，则不能够随意指定任何位置和姿态，只能移动到期望的位置及较少关节所限定的姿态。例如，一个三自由度的机器人，只能沿 x、y 和 z 轴运动，不能指定机械手的姿态。此时，机器人只能夹持物体做平行于 x、y 和 z 坐标轴的运动，姿态保持不变。

具有七个自由度的机器人怎么样？如果一个机器人有七个自由度，则意味着它可以有无穷多种方法为刚体物体在期望位置定位和定姿。为了使控制器知道具体怎么做，必须有附加的决策程序使机器人从无数种方法中选择一种。例如，可以采用程序来选择最快或最短路径到达目的地。为此，机器人必须检验所有的解，并从中找出最短路径或最快到达目的地的方法并执行。由于这种额外的需要会耗费许多计算时间，工业中一般不采用这种七自由度的机器人。类似地，若一个机械手机器人安装在一个活动基座上，如移动平台或传送带上，则这台机器人就有冗余的自由度。

不妨思考一下，人的手臂（不包括手掌和手指）有多少个自由度？答案是七个，肩关节有三个自由度，肘关节有一个自由度，腕关节也有三个自由度。既然具有七个自由度的系统没有唯一解，那么读者可以思考人到底是如何用手臂完成任务的？

2.7 机器人技术的发展趋势

1. 传感型智能机器人发展迅猛

随着各种新型传感器不断涌现，作为传感型智能机器人基础的机器人传感技术有了新的发展。多传感器集成与融合技术在智能机器人上获得应用。在多传感器集成和融合技术研究方面，人工神经网络的应用引人注目，是目前的一个研究热点。

2. 开发新型智能技术

智能机器人有许多新的研究课题，对新型智能技术的概念和应用研究正酝酿着新的突破。临场感技术能够测量和估计人对预测目标的拟人运动和生物学状态，显示现场信息，用于设计和控制拟人机构的运动。虚拟现实（Virtual Reality，VR）技术是新近研究的智能技术，它是一种对事件的现实性从时间和空间上进行分解后重新组合的技术。形状记忆合金（SMA）被誉为"智能材料"，可用来执行驱动动作，完成传感和驱动功能。可逆形状记忆合金（RSMA）也在微型机器上得到应用。多智能机器人系统（MARS）是近年来开始探索的又一项智能技术，它是在单体智能机器发展到需要协调作业的条件下产生的，即多个机器人主体具有共同的目标，完成相互关联的动作或作业。在诸多新型智能技术中，基于人工神经网络的识别、检测、控制和规划方法的开发和应用占有重要的地位。基于专家系统的机器人规划获得新的发展，除了用于任务规划、装配规划、搬运规划和路径规划外，还被用于自动抓取规划。

3. 采用模块化设计技术

智能机器人和高级工业机器人的结构要力求简单紧凑,其高性能部件甚至全部机构的设计已向模块化方向发展;其驱动采用交流伺服电动机,向小型化和高输出方向发展;其控制装置向小型化和智能化发展,采用高速 CPU 和 32 位芯片、多处理器和多功能操作系统,提高了机器人的实时和快速响应能力。机器人软件的模块化则简化了编程,发展了离线编程技术,提高了机器人控制系统的适应性。

4. 机器人工程系统呈上升趋势

在生产工程系统中应用机器人,使自动化发展为综合柔性自动化,实现生产过程的智能化和机器人化。近年来,机器人生产工程系统获得不断发展。汽车工业、工程机械、建筑、电子和电机工业以及家电行业在开发新产品时,引入高级机器人技术,采用柔性自动化和智能化设备,改造原有生产手段,使机器人及其生产系统的发展呈上升趋势。

5. 微型机器人的研究有所突破

有人称微型机器和微型机器人为 21 世纪的尖端技术之一。已经开发出的手指大小的微型移动机器人,可用于进入小型管道进行检查作业。可让它们直接进入人体器官,进行各种疾病的诊断和治疗,而不伤害人的健康。在大中型机器人与微型机器人系列之间,还有小型机器人。小型化也是机器人发展的一个趋势。小型机器人移动灵活方便、速度快、精度高,适于进入大中型工件进行直接作业。比微型机器人还要小的超微型机器人,运用纳米技术,将用于医疗和军事侦察领域。

6. 研发重型机器人

为适应大型和重型装备智能化和无人化的需要,研发重型机器人成为机器人技术研发的一个新方向。

7. 应用领域向非制造业和服务业扩展

为了开拓机器人新市场,除了提高机器人的性能和功能以及研制智能机器人外,向非制造业扩展也是一个重要方向。开发适应于非结构环境下工作的机器人将是机器人发展的一个长远方向。这些非制造业包括航天、海洋、军事、建筑、医疗护理、服务、农林、采矿、电力、煤气、供水、下水道工程、建筑物维护、社会福利、家庭自动化、办公自动化和灾害救护等。智能机器人在非制造业部门具有与制造业部门一样广阔的应用前景。

8. 行走机器人研究引起重视

近年来,对移动机器人的研究受到越来越多的重视,使机器人能够移动到固定式机器人无法到达的预定目标,完成指定的操作任务。

行走机器人是移动机器人的一种,包括步行机器人(二足、四足、六足和八足)和爬行机器人等。自主式移动机器人是研究最多的一种。移动机器人在工业和国防上具有广泛的应用前景,如清洗机器人、服务机器人、巡逻机器人、防化侦察机器人、水下自主作业机器人和飞行机器人等。

9. 开发敏捷制造生产系统

工业机器人必须改变过去那种"部件发展方式",而优先考虑"系统发展方式"。随着工业机器人应用范围的不断扩大,机器人已从当初的柔性上下料装置,发展成为可编程的高度柔性加工单元。随着高刚性及微驱动问题的解决,机器人作为高精度、高柔性的敏捷性加工设备的时代将会到来。不论机器人在生产线中起什么样的作用,它总是作为系统中的一员而存在，应该从组成敏捷生产系统的观点出发，考虑工业机器人的发展。从系统观点出发，首先要考虑如何能和其他设备方便地实现连接及通信，机器人和本地数据库之间的通信从发展方向看是现场总线，而分布式数据库之间则采用以太网；其次，设计和开发机器人必须考虑和其他设备互联和协调工作的能力。

10. 军用机器人将装备部队

由于微小型机器人的体积小，生存能力很强，因此具有广泛的应用前景。未来，半自主机器人的联网是一个重要的应用。将游动的传感器组合起来可提供战场空间的总体图像，如利用数十个小型廉价的系统来搜集地面上子母弹的子弹，并将它们堆积起来。对网络机器人的研究已成为一个人们感兴趣的热点，目前已经提出一种称为"机器人附属部队"的概念，这种部队的核心是有人系统，它的周围是一些装有武器及传感器的各种无人系统。

人性化、重型化、微型化和智能化已经成为机器人产业的主要发展趋势。

2.8 机器人的未来

进入 21 世纪，人们对机器人的未来充满着无尽的憧憬和想象。机器人将在更多领域取得技术突破，以更好地服务于人类的方方面面，尤其是代替更多重复、枯燥和危险的人工作业。随着人工智能、计算机科学和传感器技术的迅速发展，机器人技术研究也飞速发展。未来几十年，一定是机器人蓬勃发展的时代，机器人将更加自主、灵活和智能，主要表现在以下两方面。

首先是软件，也就是控制机器人的框架和大脑。虽然大多数机器人并不智能，只是根据事先编制好的程序来执行动作，且动作是被设计好的，如机器人走路的步态规划，是指步行过程中机器人各个关节在时序和空间上的一种协调关系，通常由各关节的运动轨迹来描述，这种轨迹的描述是程序设计好的，但是 Google（谷歌）设计的机器人已经可以在没有人工干预的情况下学习走路。在未来，机器人一定会更加智能，能依靠自己解决遇到的各种问题。

其次是硬件，即机器人的身体组成。目前有比较成熟的机器狗、机器车等，但在人形机器人方面机器人的动作还不够灵活，如机器人踢足球，RoboCup 期望在 2050 年能用机器人在足球比赛中击败人类，就像深蓝和 AlphaGo 一样。虽然波士顿动力公司已经能使机器人完成后空翻、跳跃等高难度动作，但就目前来看，人形机器人的动作还太过僵硬，并且在执行一系列动作时失败率偏高。机器人的种类还有像蜘蛛、鱼、蛇和鸟一样的仿生机器人。在未来，一定会有更多种类的机器人被创造出来，且身体大小、硬度、灵活度和感知能力也会发展得更好。

机器人未来的应用范围也是未来工业机器人技术发展的重点。首先，对于危险、恶劣环境作业的机器人，如用于反恐防暴、消防、高压电和高空作业等的机器人会越来越多。其次，对于重复劳动的机器人，如扫地机器人、洗碗做菜机器人等，其技术会更成熟，应用也会更普及。再次，机器人将会出现在国民经济的各行各业，不仅是工业，在农业、商业、教育和服务业，机器人也将拥有广阔的应用前景。

未来一定是机器人的时代，机器人也会变得更容易沟通、更具独立性、更加高效和智能。它们会解放人类繁忙的双手，就像当初计算机解放人的计算一样，让人类有更多的时间进行发明创造，创造一个更加智能化的世界。

2.9 本章总结

本章主要介绍机器人的起源与发展历史、概念与特点、组成与分类，总结了机器人在工业、农业、医学、军事、煤炭和新兴行业中的应用，剖析了典型的机器人结构，讨论了机器人的技术发展趋势及其未来。

第 3 章

机器人在各行业中的应用

3.1 在工业中的应用

现代意义上的机器人始于 20 世纪中期,其诞生之初就是为了替代劳动工人做某些单调、频繁和重复的长时间作业,或是 3D［Danger（危险）、Dull（枯燥）、Dirty（脏乱）］恶劣环境下的作业。工业机器人代替工人作业,可以降低工人劳动成本、提高生产效率和改进产品质量,还可以增加制造过程的柔性、减少材料浪费、加快库存周转和消除危险、枯燥的劳动岗位。

1946 年数字电子计算机（Electronic Discrete Variable Automatic Computer,EDVAC）问世,数字电子计算机的出现为工业机器人奠定了软、硬件基础,使其具备了可编程的能力。图 3.1 为计算机之父——冯·诺依曼（John von Neumann,1903—1957 年）及冯·诺依曼体系结构。

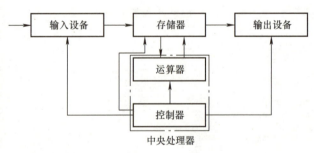

图 3.1　冯·诺依曼及冯·诺依曼体系结构

诺伯特·维纳创建控制论,并于 1948 年出版了《控制论——关于在动物和机器中控制和通信的科学》一书,研究了动态系统在变的环境条件下如何保持平衡状态或稳定状态的科学,为机器人的自动运行奠定了理论基础。

1959 年 Unimation 公司的工业机器人在美国诞生,标志着机器人正式进入了工业领域。目前,工业机器人在国内的应用以汽车制造业（约 40%）以及电子工业（约 20%）应用居多,此外还有在橡胶塑料、军工、航空制造、医疗设备、冶金和食品等领域的应用。

1. 搬运机器人

搬运机器人是工业机器人的一种类型,由计算机控制,具有移动、自动导航、多传感器控制和网络交互等功能。得益于机器人速度、精度和稳定性等性能的提高,它广泛应用于机械、电子、纺织、卷烟、医疗、食品和造纸等行业的柔性搬运和传输等。目前,搬运机器人可以搬运的东西越来越多,负载也越来越大。除了应用于柔性搬运和传输外,搬运机器人也可应用于自动化立体仓库、柔性加工系统和柔性装配系统中;同时可在车站、机场和邮局的物品分拣中作为运输工具使用。六关节机器人定位精度高、动作灵活,广泛应用于机床的上下料、生产线的上下料和机器人间的对接;并联机器人负载能力较低,但速度极高,因此经常用于生产线上小件零件的上下料和堆放,可以大大提高生产速度。ABB 公司的 IRB7600 六轴机器人的最大承重能力高达 650kg,适用于各行业的重载场合,图 3.2 所示为六轴机器人搬运物品;IRB660 机器人采用了四轴设计,具有 3.15m 到达距离和 250kg 有效载荷,适合用于袋、盒、板条箱和瓶等包装形式的物料堆垛,图 3.3 为智能搬运机器人搬运货物。

图 3.2　六轴机器人搬运物品

图 3.3　智能搬运机器人搬运货物

2. 焊接机器人

焊接机器人通常是在通用的工业机器人装上某种焊接工具而构成,也有少数是为某种焊接方式专门设计,用于在焊接生产领域代替焊工从事焊接任务,其机械手如图 3.4 所示。由于机器人的运动较人工更加平稳,因此焊接机器人的焊接质量也较稳定。新型焊接机器人都能满足 0.3s 内完成 50mm 位移的最低功能要求,可在短时间内快速移位,非常适合应用于点焊,极大地提高了焊接速度和生产效率。点焊机器人主要用于汽车整车的焊接工作,生产过程由各大汽车主机厂负责完成。除此之外,焊接机器人还应用于工程机械、金属结构和军工等行业。随着世界制造业的迅速发展,焊接技术的应用

图 3.4　焊接机器人机械手

也越来越广泛,焊接智能化技术水平也越来越高。其核心技术的作用得以显现,数控和电源方面有所发展,激光焊接技术成为一大亮点。焊接机器人的应用更加普及化已成为国内外焊接技术的发展趋势和焊接生产发展的新需求和新动向,实现焊接产品的自动化、柔性化与智能化是焊接机器人的发展趋势。

焊接机器人有点焊机器人和弧焊机器人之分。前者要求点对点的精确控制,后者要求运动轨迹的精确控制。

3. 激光加工机器人

激光加工机器人将机器人技术应用于激光加工中，通过高精度工业机器人实现更加柔性的激光加工作业，可通同过示教盒进行在线操作，也可通过离线方式进行编程。激光加工机器人通过对加工工件的自动检测，产生加工工件的模型，继而生成加工曲线，也可以利用CAD（计算机辅助设计）数据直接加工，可用于工件的激光表面处理、打孔、焊接和模具修复等。图 3.5 为激光加工机器人工作场景。

图 3.5　激光加工机器人工作场景

4. 喷涂机器人

喷涂机器人同样被大量地应用在汽车、家具、电器以及搪瓷等行业。工业化社会的发展要求产品生产车间高强度、高效率地完成喷涂工艺，由于此工艺会对人体健康造成损害，因此喷涂机器人应运而生。关节型工业机器人由于具有密封设计、自由度大、工作速度快和工作空间运行灵活的特点，尤为适合有复杂运行轨迹的运行操作。

5. 装配机器人

装配机器人是柔性自动化装配系统的核心设备，具有精度高、柔顺性好、工作范围小和能与其他系统配套使用等特点，主要应用于各种电器及手机制造等行业。

6. 分拣机器人

分拣机器人（Sorting Robot）是一种具备了传感器、物镜和电子光学系统的机器人，可以快速进行货物分拣，DELTA 型分拣机器人如图 3.6 所示。自动分拣机器人已得到广泛的应用。日本研制的西红柿分选机每小时可分选出成百上千个西红柿；研制的苹果自动分送机，每分钟可将 540 个苹果按颜色、光泽和大小进行分类，并送入不同容器内；研制的自动选蛋机每小时可处理 6000 个蛋。

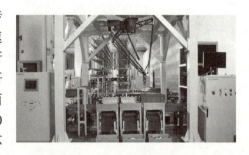

图 3.6　DELTA 型分拣机器人

目前，工业机器人正朝着具有行走能力、多种感知能力以及较强的对作业环境的自适应能力的方向发展。具有触觉、力觉或简单的视觉的工业机器人，能在较为复杂的环境下工作，而具有识别功能或自适应、自学习功能的智能工业机器人则能够按照人给的"宏指令"自选或自编程序去适应环境，并自动完成更为复杂的工作。对全球机器人技术的发展最有影响力的国家是美国和日本，其中美国的综合研究水平世界领先，日本机器人的数量和种类则居世界首位。

3.2 在农业中的应用

农业是第一级产业,有广义、狭义之分。广义上的农业是种植业、林业、畜牧业和渔业的总称,而狭义上的农业则是纯粹指种植业。农业的产品一般是指食物、纤维、生物燃料、药物或是其他利用自然资源而来,可以维持或提升人类生活的物品。农业机器人在农田管理、育苗育种、栽培管理、收获收割和分级加工等农业生产所有环节,可弥补农业劳动力的不足,提高农业生产效率,提高农产品品质和附加值。20世纪80年代,人们开始利用工业机器人技术进行农业的机器人化,包括收获、嫁接、移植、摘粒和喷药等作业;20世纪90年代后,关注农作业环境、作物栽培式样、作物物理特性等,努力协调人—作物—机器人三者的关系,使机器人适用于农业作业。未来的农业机器人,将不再是拖拉机那样笨重的外形,而应该是成队作业的轻型自动机器人。高智能、高速度和低成本的农业机器人成为主攻方向。智能化机器人会在广阔的田野上越来越多地代替手工完成各种农活。

农业生产大致能够分为两类:一类是在大面积农田中进行作业的土地利用型农业,另一类是在温室或植物工场中进行作业的设施型农业。农业机器人按照解决问题的侧重点不同,用于前者的称为行走系列农业机器人,用于后者的称为机械手系列机器人。

1. 行走系列农业机器人

行走系列农业机器人的主要目标是自主行走,边行走边作业。它的作业条件受到地理环境的阻碍,因此要保持机器人行走的速度与姿势,从而得到高质量作业,是目前开发此类农业机器人必须解决的问题,下面介绍几种活跃在农田中的机器人。

(1)自行走式耕作机器人

自行走式耕作机器人是在拖拉机的基础上增加了方位传感器和嵌入式智能系统等,可在耕作场内辨别自身位置,推动执行机构动作,实现无人驾驶;配上各种农具,能进行各种田间作业,从而保证田间垄作方向正确与耕作精准。随着GPS(全球定位系统)的应用,卫星导航和精确定位技术日渐成熟,自行走式耕作机器人的技术也随之成熟,并处于有用性时期,如图3.7所示为会耕地的机器人,不仅能区分农作物,还更加环保。

图3.7 会耕地的机器人

英国哈珀·亚当斯大学(Harper Adams University)与位于英国约克的农业公司Precision Decisions通过"Hands Free Hectare"(无人农场)项目成功实现了自主农用耕作,该机器人如图3.8所示。该项目利用无人驾驶车辆和无人机完成了农作物从播种到收获的全过程。使用轻便的拖拉机来钻出深度精准的通道,将大麦种子种进去,同时通过安装有多光谱和 RGB(三原色)彩色传感器的无人机拍摄空中图像,并使用较小的侦察车辆采集视频和农作物样品,上述图像、视频和农作物样品将及时传送至农艺师,以分析和评估何时使用化学品(化肥、农药和除草剂等)、何时进行收割。

(2)施肥机器人

施肥机器人除具备在田间作业自动行驶的功能外,还会按照土壤和作物种类的不同,自动按不同比例配备营养液,计算施肥总量,降低农业成本,减少施肥过多而产生的污染。图 3.9 为施肥机器人。

图 3.8　自主农用耕作机器人

图 3.9　施肥机器人

(3)除草机器人

除草机器人采用了先进的运算机图像识别系统和 GPS。其特点是利用图像处理技术自动识别杂草,利用 GPS 接收器作出杂草位置的坐标定位图。机械杆式喷雾器按照杂草的种类、数量自动进行除草剂的选择和喷洒。如果引入田间害虫图像的数据库,还可按照害虫的种类与数量进行农药的喷洒,起到精确除害、爱护益虫和防止农药过量污染环境的作用。南京林业大学研发的智能除草机器人,在切割杂草的同时,通过视觉传感

图 3.10　激光除草机器人

器对图像分析后控制机械手臂将高浓度的除草药物涂抹在切口处,这样做既节约了药物,保证了良好的除草效果,又能减少喷洒农药时对空气及周边环境的污染。图 3.10 为激光除草机器人。

2018 年英国初创公司 Small Robot 公司推出了三款微型机器人 Tom、Dick 和 Harry,分别负责监测、施肥除草以及播种耕作物,利用了由英国另一家创业公司 Rootwave 开发的商用除草技术。该技术利用电力从内到外、从根部彻底去除杂草。图 3.11 为自主耕作机器人 Tom,能够自主导航、避障和精确定位物体。

(4)水田治理作业机器人

水田中的作物是有规则栽种的,因此能够通过测量作物方位进行机器人式作业。日本农林水产省农业研究中心开发的水田治理作业机器人能对水稻进行洒药与施肥等作业。该机器人的自主行走系统采用了类似猫的胡须的接触传感器,沿着列行走,到地头时自动停止,并转一个作业宽度至返回方向,再由操作者确认是否进入正确的稻列进行作业,这是半自动作

业方式。图 3.12 为喷洒、种植、耕作和除草机器人。

图 3.11　自主耕作机器人 Tom

图 3.12　喷洒、种植、耕作和除草机器人

(5) 收成及治理作业机器人

收成及治理作业机器人按照预先设置的指令，利用自动操纵机构、陀螺罗盘和接触传感器，自动进行田间作业。日本开发了利用棒状传感器检测稻株、非离合器闸的接通与断开实现转向的方向自动操纵的联合收割机；美国新荷兰农业机械公司研制了多用途的自动化联合收割机器人，专门用于在美国的一些专属农垦区大片整齐规划的农田中收割庄稼。图 3.13 为采摘棉花机器人作业场景。

英国公布了一款农业采集机器人，它采集西兰花的速度是人类的 6 倍，已经投入使用，如图 3.14 所示。

图 3.13　采摘棉花机器人作业场景

图 3.14　采集西兰花的机器人

(6) 农作物监测机器人

美国伊利诺伊大学的斯蒂芬（Stephen P. Long）教授领导的团队研发了一款新的机器人。这款机器人配备了高光谱、高清的热成像相机、天气监视器以及脉冲激光扫描仪传感器。这些设备可以让它收集植物的茎秆直径、高度和叶面积等的表型数据，以及作物的环境条件信息，如温度和土壤含水量。它收集的数据会存储在机器人自己的集成计算机上，接着会传输到研究人员的笔记本计算机上，然后，研究人员可以使用此信息来为每一株植物建立一个 3D 计算机模型，以预测其生长和发育，从而估计该单株植物和整个作物的产量。

美国佐治亚理工学院的研究人员团队也研发了一款灵感来自树懒的机器人"泰山"，如图 3.15 所示，应用于农作物监测，主要工作是通过内置摄像头监测农作物的生长情况。其用 3D 打印技术制成的爪子十分灵敏，可以在平行的线缆上攀爬前行，从而拍摄植物各个角度的照片。佐治亚理工学院教授乔纳森·罗杰斯表示正在试图继续优化"泰山"的设计，使其变得更为节能，就像真正的树懒一样。为了防治农作物的病虫害和改善作业人员的劳动条件，日本开发出了喷农药的机器人。该机器人上装有感应传感器、自动喷药控制装置和压力传感器等，能够沿着在果园里铺设的感应电缆自动对树木进行喷药。我国的极飞科技公司将无人机、机器人、自动驾驶、人工智能和物联网等技术带进农业生产，研制出了多款农业无人机、无人车等产品。搭载车载喷雾机的农业无人车可完成农药的喷洒功能。图3.16为极飞R80农业无人车在进行喷洒农药的工作场景。

图3.15　农作物监测机器人"泰山"　　　　图3.16　喷洒农药的工作场景

2. 机械手系列机器人

机械手系列机器人的目标是对作业对象的识别，其作业对象是果实、家畜等离散个体。由于作业对象不同，开发该机器人的重点应放在检测数据的采集上，从而开发不同的传感器。传感器的融合技术在近年来已被引入到机器人识别研究中，开发新型传感器以及提出新的融合方法、提升灵敏度和反应速度以完善探测结果是今后重要的研究方向。目前，属于该系列的机器人主要有以下几种。

（1）嫁接机器人

嫁接技术广泛应用于蔬菜和水果的生产中，能够改良品种和防止病虫害。嫁接机器人是一种集机械、自动操纵与园艺技术于一体的高新技术，可在短时间内把蔬菜苗茎秆直径为几毫米的砧木和芽坯嫁接为一体，大幅提升了嫁接速度，同时避免了切口长时间氧化与苗内液体的流失，提升了嫁接成活率，大大提升了工作效率。图3.17为嫁接机器人。嫁接机器人在日本应用十分广泛，在我国，中国农业大学开展了自动化嫁接技术的研究工作，先后研制成功了自动插接法和自动旋

图3.17　嫁接机器人

切贴合法嫁接技术，形成了我国具有自主知识产权的嫁接机器人技术。嫁接机器人嫁接速度可达每小时550棵，与人工嫁接速度相比，效率提高了4~5倍，成活率在90%以上。

（2）采摘机器人（果实收成机器人）

为提升果品蔬菜的采摘效率，人们开发了一系列采摘机器人。该类机器人采用彩色或黑白摄像机作为视觉传感器来查找和识别成熟果实，主要由机械手、终端握持器、视觉传感器和移动机构等部分组成。其中机械手一般有冗余自由度，能躲开障碍物，终端握持器中间有

压力传感器,能避免压伤果实。广泛投入使用的采摘机器人有番茄采摘机器人、黄瓜采摘机器人、葡萄采摘机器人、西瓜收成机器人和柑橘采摘机器人等。2019年,日本农研机构和涉谷精机联合研制了草莓采摘机器人。该机器人由CCD摄像头、LED(发光二极管)照明灯、采果手以及机械臂构成,首先利用CCD摄像头测量草莓的位置和成熟情况,然后利用安装在机械臂顶端具备根据果梗的倾斜度调整角度功能的采果手采摘草莓。在我国,由上海交通大学研发的草莓收获机器人,果柄检测成功率可达93%,草莓定位效率为1个/s,草莓的破损率大约为5%;陕西科技大学研究的自然场景下成熟苹果目标识别及其定位技术,可以通过R-G色差分量图定位成熟的苹果,再采用质心、果梗和标记点作为特征匹配点,通过极线约束的图像匹配算法完成苹果目标的匹配。图3.18为采摘机器人在工作。

图3.18 采摘机器人在工作

(3)育苗机器人(移植机器人)

育苗机器人主要是用于蔬菜、花卉和苗木等种苗的移栽。它把种苗从插盘移栽到盆状容器中,以保证适当的空间,促进植物的扎根和生长,便于装卸和转运。目前研制出来的育苗机器人有两条传送带:一条用于传送插盘,另一条用于传送盆状容器。其他的主要部件是插入式拔苗器、杯状容器传送带、插漏分选器和插入式栽培器。许多情形下,种子发芽率只有70%左右,而且发芽的苗也存在坏苗,因此育苗机器人引入了图像识别技术进行判定。通过探测之后,育苗机器人能准确判别好苗、坏苗和缺苗,指挥机械手把好苗准确移栽到预定位置,从而大大减少了人工劳动,提升了移栽操作质量和工作效率。

图3.19为育苗机器人,机器人车身装载激光雷达、超声波和视觉传感器等多种传感器,基于多传感器信息融合的环境感知技术,实现了机器人在农业环境下的高稳定性运动与数据采集处理,

图3.19 育苗机器人

可在农业大棚中自动巡检、定点采集、自动避障和自动返航等。

3.3 在医学中的应用

机器人在医学方面的应用非常广泛,主要有实验室机器人、医疗康复机器人、外科手术机器人和生物机器人等。日本进行的手指触觉机器人研究已取得较大进展,该手指能根据获

取物体的材料特性和三维外形的信息执行相应的动作。

1. 外科手术机器人

手术机器人系统是集多项现代高科技手段于一体的综合体,其用途广泛,在临床上、外科上有大量的应用。外科医生可以远离手术台操纵机器进行手术,完全不同于传统的手术概念,在世界微创外科领域是当之无愧的革命性外科手术工具。外科手术机器人主要可分为骨科手术机器人、神经外科手术机器人、血管介入治疗机器人和内窥镜手术机器人。骨科手术机器人主要用于高精准定位,辅助医生完成脊柱、关节等假肢体植入和修复手术,其关键技术为机械系统、影像系统以及计算机系统。神经外科手术机器人主要用于神经系统的精准定位和导航,辅助医生夹持和固定手术器械,其关键技术主要有手术规划软件、导航定位系统、机器人辅助器械定位和操作系统等。血管介入治疗机器人表现为导管推进系统精确,能稳定地完成手术动作,导航系统辅助医生掌握导管与血管壁的相互作用,其关键技术为图像导航系统、机械装置与控制系统和力反馈系统等。内窥镜手术机器人的作用是通过主操控制台、机械臂系统和高清摄像系统辅助医生精准完成微创腹腔镜手术,其关键技术包括三维高清手术视觉系统、仿真机械手和运动控制技术等。

20世纪80年代,美国就有医生尝试通过工业机器人来辅助进行脑组织活检。1988年,美国人设计出一套名为PROBOT的前列腺手术系统应用于外科手术机器人。1997年,"手术机器人之父"王友仑成功研制出了"伊索"——一种可以声控的"扶镜"机械手,以避免扶镜手生理疲劳造成的镜头不稳定,由此开启了手术机器人的商业化之路。1998年,"伊索"通过安装内窥镜等一系列升级改造,进化成了"宙斯"。"宙斯"可以通过遥控操作,为病人进行微创手术,已经是一套完整的手术机器人系统。这些机器人不是真正的自动化机器人,它们不能自己进行手术,但可以为手术提供有用的机械化帮助。这些手术机器人仍然需要外科医生来操作它们并对其输入指令,控制方法是远程控制和语音启动。

(1) 达芬奇手术系统

1996年,在宙斯手术机器人的模式上推出了第一代达芬奇机器人。2006年推出了第二代达芬奇机器人,其机械手臂活动范围更大,允许医生在不离开控制台的情况下进行多图观察。2009年推出了第三代机器人,增加了双控制台、模拟控制器和术中荧光显影技术等功能。2014年又推出第四代机器人,在灵活度、精准度和成像清晰度等方面有了质的提高,后来还开发了远程观察和指导系统。

达芬奇手术系统使用的技术使外科医生可以到达肉眼看不到的外科手术点,可以比传统的外科手术更精确地进行工作。达芬奇手术系统由外科医生控制台、床旁机械臂系统和成像系统等组成,如图3.20所示。外科医生控制台安放在手术室无菌区外,为主刀医生提供操作平台。主刀医生坐在控制台中,使用双手操作主控制器、双脚操作脚踏板来控制器械和一个三维高清内窥镜。正如在立体目镜中看到的那样,手术器械尖端与外科医生的双手同步运动。床旁机械臂系统是外科手术机器人的操作部件,其主要功能是为器械臂和摄像臂提供支撑。助手医生在无菌区内的床旁机械臂系统边工作,负责更换器械和内窥镜,协助主刀医生完成手术。为了确保患者安全,对于床旁机械臂系统的运动,助手医生比主刀医生具有更高的优先控制权。成像系统内装有外科手术机器人的核心处理器以及图像处理设备,在手术过程中位于无菌区外,可由巡回护士操作,并可放置各类辅助手术设备。外科手术机器人的内窥镜为高分辨率三维(3D)镜头,对手术视野具有10倍以上的放大倍数,能为主刀医生带来患者体腔内三维立体高清影像,使主刀医生较普通腹腔镜手术更能把握操作距离,更能辨认解剖结构，提升了手术精确度。在"达芬奇"的辅助下，医生只需要在患者身上开几个直径不到1cm的小孔，就可以看到病变部位放大20倍的3D影像，更为精准地完成手术。因为创伤小、出血少，患者的并发症风险明显降低，恢复期也大大缩短。

图3.20　达芬奇手术系统

（2）ZEUS手术机器人系统

ZEUS手术机器人系统由Computer Motion公司研制，已经在欧洲投入使用，德国医生已经使用此系统进行了冠心病搭桥手术，如图3.21所示。ZEUS系统有一个计算机工作站、一个视频显示器和控制手柄，用于移动手术台上安装的手术仪器。ZEUS系统得到了自动化内窥镜定位（AESOP）机器人系统的协助。AESOP系统由Computer Motion公司于1994年发布，是可以用于手术室协助手术的机器人，AESOP系统比达芬奇系统和ZEUS系统要简单得多。AESOP系统基本上只是一个机械臂，用于辅助医生定位内窥镜——一种插入病人体内的外科照相机，医生通过脚踏板或声音软件定位照相机，从而解放双手来继续手术。

（3）其他

重建超显微外科手术（Super Microsurgery）是一种高度精确的重建手术形式，是显微外科手术的纵深发展新趋势，旨在将超细的血管、淋巴管连接起来，以使其恢复健康功能。荷兰Microsure公司的MUSA机器人，可以进行精细的手术，可重新连接直径范围为0.3～0.8mm的血管和淋巴管，如图3.22所示。

 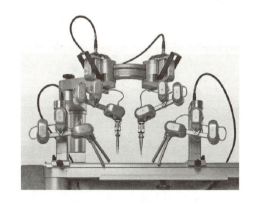

图3.21　ZEUS手术机器人系统　　　　图3.22　Microsure公司的MUSA机器人

2017年意大利Asensus研发的Senhance外科手术机器人，特色鲜明，包括主手端设计、两种类型手术器械设计以及力反馈的设计等，如图3.23所示。

图 3.23　Senhance 外科手术机器人

荷兰埃因霍温 Preceyes BV 公司推出的 Preceyes 眼科手术机器人的操作精度优于 $10\mu m$（人类头发直径一般为 $80\mu m$），意味着医生可以对视网膜的静脉进行药物注射操作，如图 3.24 所示。这款手术机器人使用了主从遥操作的方法（这是一种机器人控制方式，即从机器人跟随主机器人的运动指令。遥控玩具车就是采用了主从遥操作）进行控制，并通过手术显微镜观察病灶。主从机器人各有 4+1 个关节（分别是 3 个位置关节、1 个姿态关节和 1 个开合关节）。机器人的主

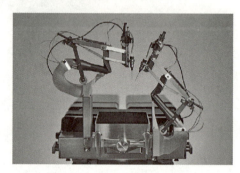

图 3.24　Preceyes 眼科手术机器人

手采用了 RRPR 结构，第 1 和第 2 关节相交的点相当于从手的不动点，这种构型可以模拟手术器械末端的运动，操作直观，有助于降低医生的学习难度。从手采用了常见的双平行四边形不动点机构，基本原理构型和"达芬奇"的工具臂相似。器械通过眼球表面的一个 RCM (Remote Center of Motion) 点（远心不动点）进入内部，并保持这个点在手术操作中固定。器械直径仅 0.5mm。控制系统主要实现主从控制、手部颤抖滤除、主从运动增益（缩小运动）、从主力反馈（放大力）以及虚拟边界限制等几个功能。

德国宇航中心（DLR）研发的 MIRO 手术机器人是一款通用手术机器人，如图 3.25 所示。MIRO 的机械臂的构型是仿人的骨骼结构，关节 1 和 2 构成一个类似胡克铰结构，关节 3 和 4 构成一个类似胡克铰结构，总计 7 个自由度。

2017 年韩国 Meerecompany 推出的 Revo-i 腹腔镜手术机器人如图 3.26 所示，是一款类似于"达芬奇"的腹腔镜手术机器人，功能基本相同，少部分性能有所超出。

图 3.25　MIRO 手术机器人

2013 年 11 月，"微创腹腔外科手术机器人系统"由哈尔滨工业大学机器人研究所研制成功。2014 年 4 月，中南大学湘雅三医院顺利完成了 3 例国产机器人手术，我国自主研制

图 3.26　韩国 Revo-i 腹腔镜手术机器人

的手术机器人系统开始运用于临床。"妙手 S"手术机器人由天津大学中国工程院院士王树新团队于 2013 年完成研发，与威高集团联合推进产业化，已经在 2014 年 4 月至 2018 年 4 月完成了 13 例人体试验，并于 2017 年 9 月通过了国家食品药品监督管理总局的创新医疗器械特别审批。"妙手 S"系统由两大部分组成，即医生控制台（Surgeon Console）和从手台车（Slave Cart），如图 3.27 所示。其中立体图像观察窗（Stereo Image Viewer）可在手术中为医生提供高清立体图像，用于观察病灶和手术器械，是术中的唯一显示反馈单元；主操作手（Master Manipulators）是手术动作指令单元，医生在手术中握持 2 个主操作手末端，发出从手期望运动的位置和姿态（夹持）指令；控制面板（Control Panel）用于调整一些术前机器人手术参数，如内窥镜角度、缩放比例等；5 个控制脚踏（Foot Pedals）用于调整术中常用的手术动作，从左往右功能分别是：①断开主从运动映射；②内窥镜运动控制；③启动机器人；④电凝；⑤电切。从手台车主要有 3 个功能模块：①被动调整臂（Passive Arm）；②旋转关节（Swivel Head）；③从操作手（Slave Manipulators）。其中被动调整臂用于调整从操作手的高度，以适应不同的术式；旋转关节用于旋转从操作手的方向，同样用来适应不同的术式；3 个从操作手中的 2 个用来操作手术器械，第 3 个用于控制内窥镜，后续会增加第 4 个从操作手，以适应更复杂的手术操作。另外，在旋转关节位置安装了一些被动调整的平移关节，用于术前调整时前后移动从操作手。

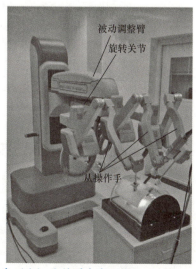

图 3.27　"妙手 S"的医生控制台（左）和从手台车（右）

2021 年底，作为"达芬奇手术机器人中国胸外科临床手术教学示范中心""达芬奇手术机器人中国食管外科临床手术教学示范中心"的上海市胸科医院第 1000 例"机器人胸部手术"成功施行，代表着以"机器人手术"为代表的前沿微创技术已经深浸临床，正在为越来越多的患者提供更小创伤、更优质的医疗服务。图 3.28 是手术中的胸外科手术机器人。

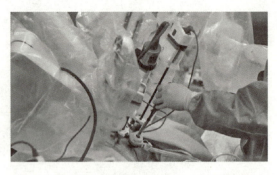

图 3.28　手术中的胸外科手术机器人

2. 医疗康复机器人

康复机器人作为医疗机器人的一个重要分支，它的研究贯穿了康复医学、生物力学、机械学、机械力学、电子学、材料学、计算机科学以及机器人学等诸多领域，是国际机器人领域的一个研究热点。目前，康复机器人已经广泛应用到康复护理、假肢和康复治疗等方面，这不仅促进了康复医学的发展，也带动了相关领域的新技术和新理论的发展。

目前，康复机器人的研究主要集中在康复机械手、医院机器人系统、智能轮椅、假肢和康复治疗机器人等几个方面。

（1）康复机械手

医疗康复领域的一个重要应用场合就是恢复四肢残疾者的手和腿，实现像正常人一样的功能，即在残疾者和周围环境间安装上机械假肢作为媒介，使前者能像正常人一样用意识控制手足活动，执行各种任务。

机械手包括手足型和搬运及移动型。手足型机械手包括肌电控制前臂假手、能步行及上下楼梯的动力假腿和具有知觉的能动假手等。搬运及移动型机器人包括患者升降机、抱起机器人、输送及转送机器人和移动升降器等。随着人们生活水平的提高，人类的平均寿命持续增长，人类社会向老龄化社会发展，与此相适应的康复机器人的应用领域也逐渐向老年人服务而倾斜，其应用前景十分广阔。图 3.29 为钛虎机器人（上海）科技有限公司研制的智能肌电假肢。

图 3.29　智能肌电假肢

（2）医院机器人系统

医院机器人系统主要是指医院内部搬运机器人，其主要功能是运送食物、药品及一些医疗器械、病人病历档案等，不同于一般的位置固定的生产装配场合中应用的工业机器人。国外研究的"Help Mater"机器人已在医院内使用，它能够24h高效工作。医院工作人员可以把医院内走廊、电梯的几何和断层图像信息输入到该机器人的控制系统内使其能自动工作。日本机械工程实验室已研究出一种能提升病人的机器人，该机器人能够将病人从病床上提升起来并把其运送到医院卫生间、食堂等其他地方。目前该系统所需的各项技术如能量供应、人机交互系统等在进一步完善。

坎德拉（深圳）科技创新有限公司针对医院耗材管理、物品配送工作量大等痛点，推出了以烛光机器人和阳光机器人为核心的智慧医院管理一体化解决方案，其系列产品如图3.30所示。

（3）智能轮椅

随着社会的发展和人类文明程度的提高，人们特别是残疾人越来越需要运用现代高新技术来改善他们的生活质量和生活自由度。由于各种交通事故、天灾人祸和疾病等，每年均有成千上万的人丧失一种或多种能力（如行走、动手能力等），因此，对用于帮助残障人行走的机器人轮椅的研究已逐渐成为热点。中国科学院自动化研究所成功研制了一种具有视觉和口令导航功能并能与人进行语音交互的机器人轮椅。机器人轮椅主要有口令识别与语音合成、机器人自定位、动态随机避障、多传感器信息融合、实时自适应导航控制等功能，如图3.31所示。

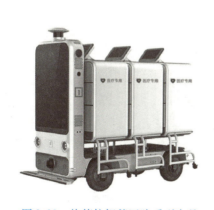 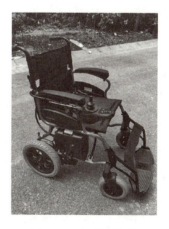

图3.30　坎德拉智慧医院系列产品　　　　图3.31　机器人轮椅

机器人轮椅的关键技术是安全导航问题，采用的基本方法是超声波和红外测距，个别也采用口令控制。超声波和红外测距的主要不足在于测控范围有限，视觉导航可以克服这方面的不足。在机器人轮椅中，轮椅的使用者应是整个系统的中心和重要的组成部分。对使用者来说，机器人轮椅应具有交互功能，这种交互功能可以很直观地通过人机语音对话来实现。尽管个别现有的移动轮椅可用简单的口令来控制，但真正具有交互功能的移动机器人轮椅尚不多见。

（4）康复治疗机器人

最早实现商业化的康复治疗机器人是由英国Mike Topping公司于1987年研制的Handy1，如图3.32所示。它有5个自由度，残疾人可利用它在桌面高度吃饭。还有一款名为MANUS

的康复治疗机器人，是一种装在轮椅上的仿人形手臂，有6个自由度，其工作范围可由地面到人站立时达到的地方。

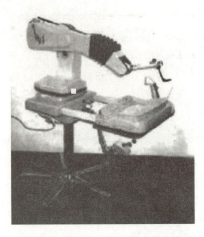

图 3.32　Handy1 康复治疗机器人

目前国外的康复机构主要配备的是功能更多、自动化程度较高和多自由度的牵引式/悬挂式康复治疗机器人。牵引式/悬挂式康复治疗机器人的分类尚未有通用的标准，按照针对的肢体部分不同，主要可分为牵引式上肢康复治疗机器人、牵引式下肢康复治疗机器人和悬挂式下肢康复治疗机器人。较为先进的康复治疗机器人是可穿戴外骨骼机器人，它是基于仿生原理设计的，结合人体工程学，可以穿戴于患肢。每个关节上都对应有单独的驱动装置，患者佩戴后可以确保机器人的运动模式和人体自由度同轴，可以实现更有效的康复训练。图 3.33 为康复治疗机器人在帮助患者做恢复训练。

图 3.33　康复治疗机器人在帮助患者做恢复训练

3.4　在军事上的应用

军事用途的自主机器或遥控装置都可以称之为军事机器人，已有部分在实际中使用。未来战争中，军事机器人将成为军事行动的绝对主力。军事机器人参与战斗可减少人员伤亡，提高战斗强度，扩大战斗环境，加快机动速度，节省战斗资源，战术可以灵活多变。与普通士兵相比，军事机器人具有明显的优势特点：

1）全方位、全天候的作战能力。军事机器人可以在毒气、冲击波和热辐射袭击等恶劣环境中工作，而人类有着明显的承受上限。

2）强大的战场生存能力。军事机器人没有疼痛、疲劳感觉，具有很强的生存能力。

3）服从命令听指挥。军事机器人没有人类恐惧等心理，可严格服从命令听指挥，有利于战事布局和对武力的掌控。

按照应用环境分类，军事机器人可分为地面军用机器人（如自主或半自主的轮式、履带式车辆）、空中军用机器人（无人机）和水下军用机器人（无人舰艇）等。按承担任务分类，军事机器人可分为侦察、搜索、排雷、反恐、防化、护航、防御、运输、保障、指挥、救援、训练和攻击等机器人。

机器人在军事上的应用占来有之，如《特洛伊传说》中的三条腿的机器人战士、三国时诸葛亮发明的木牛流马、指南车等。近代军事机器人可从第一次世界大战开始，如通用公司的查尔斯·F. 凯特灵（Charles F. Kettering）设计的凯特灵空中鱼雷以及凯特灵飞虫。"蜂后"（Queen Bee）无人机飞行高度17000ft（1ft=0.3048m），最高航速每小时100mile（1mile=1609.344m），如图3.34 所示。二战时期德国的复仇武器1号（V-1 Revenge Weapon1）可搭载多达2000lb（1lb=0.45359237kg）导弹，速度达到470mile/h，从弹射道发射后能按照预先程序飞行150mile。德苏战争初期，苏联红军组成了至少两个遥控战车营用于冬季战争，该遥控战车（Teletank）由相距500～1500m 的坦克上的遥控端操作，机人两者共同组成遥控机械队。冷战之后，美国研制成功了"萤火虫"型无人侦察机，机身长近8m，头部装有高空侦察照相机，飞行高度16800m，最大航速达九百多km/h。图3.35 为二战时期德国的复仇武器1号（V-1 Revenge Weapon1），图3.36 为"黑寡妇"高空有人侦察机U-2。

图3.34 "蜂后"无人机

图3.35 二战时期德国的复仇武器1号
（V-1 Revenge Weapon1）

图3.36 "黑寡妇"高空有人侦察机U-2

1. 用于遂行战斗任务

用机器人代替一线作战的士兵，以降低人员伤亡是研制军事机器人时最受重视的课题。

这类机器人主要有：

（1）固定防御机器人

它是一种外形像"铆钉"的战斗机器人，身上装有目标探测系统、各种武器和武器控制系统，固定配置于防御阵地前沿，主要遂行防御战斗任务。当无敌情时，机器人隐蔽成半地下状态；当目标探测系统发现敌人冲击时，即靠升降装置迅速钻出地面抗击进攻之敌。图 3.37 为携带火箭筒的军用机器人。

（2）奥戴提克斯 1 型步行机器人

这种机器人由美国奥戴提克斯公司研制，主要用于机动作战。它的外形酷似章鱼，圆形"脑袋"里装有微计算机和各种传感器和探测器，由电池提供动力，能自行辨认地形，识别目标，指挥行动。该机器人安装有 6 条腿，行走时 3 条腿抬起，另外 3 条腿着地，相互交替

图 3.37　携带火箭筒的军用机器人

运动使身体前进。腿是节肢结构，能像普通士兵那样登高、下坡、攀越障碍物和通过沼泽；可立姿行走，也可像螃蟹一样横行，还能蹲姿运动。脑袋虽不能上下俯仰，但能前后左右旋转，便于观察。该机器人停止时可提重 953kg，行进时能搬运 408kg，是士兵型基础机器人，只要给其加装任务所需要的武器装备，就能立即成为某一部门的"战士"。

（3）反坦克机器人

反坦克机器人是一种外形类似小型面包车的遥控机器人，车上装有反坦克导弹、电视摄像机和激光测距机，由微计算机和人两种控制系统控制。当发现目标时，机器人能自行机动或由远处遥控人员指挥其机动，占领有利射击位置，通过激光测距确定射击诸元，瞄准目标发射导弹。它是配属陆军遂行反坦克任务的机器人。"泰坦"反坦克机器人是爱沙尼亚设计的一款武器，重约 1.6t，时速 20km/h，装备了具有反装甲能力的 12.7mm 口径机枪和 FGM-148 反坦克导弹，如图 3.38 所示。

（4）榴炮机器人

榴炮机器人是一种外形像自行火炮的遥控机器人。车上的火炮由机械手操作。作战时，先由机器人观察捕捉目标，报告目标性质和位置，再由机器人控制指挥中心下定决心，确定射击诸元，下达射击指令，然后机械手根据指令操作火炮射击。图 3.39 为装备炮兵的榴炮机器人。

图 3.38　"泰坦"反坦克机器人

图 3.39　榴炮机器人

(5) 飞行助手机器人

该机器人安装在军用战斗机上，能听懂驾驶员简短的命令，主要通过对飞行过程中或飞机周围环境的探测、分析，辅助驾驶员执行空中格斗任务。它能准确及时报告飞机面临导弹袭击的危险和指挥飞机采取最有利的规避措施，并据此向飞行员提供各种飞行和战斗方案，供飞行员选择。它还可以通过监视飞行员的脑电波和脉搏等来确定飞行员的警觉程度。

美国的MQ-1"捕食者"无人攻击机诞生于20世纪90年代初，主要作用是侦察和监视，后升级为包括2枚地狱火导弹和其他进攻性武器在内的无人机。远程控制的MQ-1"捕食者"可以在需要返回基地之前飞行460mile并在目标上空盘旋14h。MQ-1"捕食者"无人攻击机使用的主要武器是地狱火空地导弹，攻击地面固定目标和低速移动车辆。图3.40为MQ-1、MQ-9"捕食者"无人攻击机。

图3.40 MQ-1、MQ-9"捕食者"无人攻击机

美国全球鹰的翼展35.4m，长13.5m，高4.62m，翼展和波音737相近，如图3.41所示。其最大飞行速度740km/h，巡航速度635km/h，航程26000km，续航时间42h，配备有合成孔径雷达、摄像机、红外探测器、防御性电子对抗装备和数字通信设备等。

彩虹系列无人机是中国航天科技集团公司研制的中空长航时无人机，该机翼展二十余米，具有重油动力、载重大、航时长和航程远等巨大优势，起飞重量超过3t，载重能力约1t，升限可达1万m，巡航速度180~220km/h，续航时间40h，最大航程6500km，可挂载多种武器，还可挂载合成孔径雷达和高清光电侦察系统，并能携带可穿透墙壁的透视雷达，使用灵活性强，可有效对移动目标和墙体内目标实施甄别和攻击。图3.42为彩虹5 (CH-5) 无人机。

图3.41 美国全球鹰　　　　　　图3.42 彩虹5 (CH-5) 无人机

(6) 海军战略家机器人

海军战略家机器人属于高级智能机器人，主要装备小型水面舰艇，用于舰艇操纵、为舰

艇指挥员提供航行和进行海战的有关参数及参谋意见。其工作原理是通过舰艇上的计算机系统，不断搜集与分析舰上雷达、空中卫星和其他探测手段获得的各种情报资料，从中确定舰艇行动应采取的最佳措施，供指挥员决策参考。类似的作战机器人还有"徘徊者机器人""步兵先锋机器人""重装哨兵机器人""电子对抗机器人"和"机器人式步兵榴弹"等。图 3.43 为美国"海上猎手"反潜无人艇。图 3.44 为以色列"保护者"型无人水面艇。

图 3.43　美国"海上猎手"反潜无人艇　　图 3.44　以色列"保护者"型无人水面艇

中国"天行一号"无人水面艇曾在奥运会青岛奥帆赛期间，作为气象应急装备为奥帆赛提供气象保障服务。"天行一号"无人水面艇排水 7.5t，采用油电混合动力，航速超过 50 节（1Kn＝0.514m/s），安装第二代 85 式 12.7mm 两用机枪，其火控系统先进，可以在高速航行中对移动目标进行射击，也可携带水雷、炸弹，对军舰进行近距离攻击。图 3.45 为我国研制的"天行一号"无人水面艇。

（7）战斗机器人

战斗机器人可以在车队、战斗、侦察、监视和救援中使用。粗齿锯（Ripsaw MS1）无人车是美国一款履带战车，配备有 6.6L 的柴油发动机，750 马力（1 马力＝735.499W），能以高达 96km/h 的时速穿越复杂地形，如图 3.46 所示。

图 3.45　我国研制的"天行一号"无人水面艇　　图 3.46　粗齿锯（Ripsaw MS1）无人车

Guardium 是以色列一款战斗机器人，配备有红外摄像机、雷达、夜视设备、高灵敏度传声器传感器和类似机关枪的武器系统，可以在远程操作或自主模式下运行。通过移动指挥站远程操作或计算机引导，该机器人可按照预先输入程序的路线，在多座城市中独自行驶或边境巡逻，能够通过十字路口并自动识别道路交通标识，装备的摄像机可进行 360°扫描，如发现可疑情况，便向操作员发出警告，如图 3.47 所示。

无人机是空中的战斗机器人，我国的攻击 2 型察打一体无人机，采用常规的气动布局，

图 3.47 战斗机器人 Guardium

装配了一台 WP-11C 涡喷发动机,可以在 14000m 的高空以 680km/h 的速度航行。它不仅能够进行高空侦察,同时还能够挂载多种导弹武器,在执行任务时可以在 400km 以外对目标实施实时监控,并且还可以对小型目标进行战术打击,具有一定的隐身性能。我国另一款攻击-11 型利剑攻击无人机,外形和美国的 B-2 类似,都采用了飞翼式的气动布局,还采用了隐身低流损蛇形进气道,舍弃了尾翼和竖翼,隐身性能显著。图 3.48 是我国攻击 2 型察打一体无人机,图 3.49 是我国攻击-11 型利剑攻击无人机。

图 3.48 我国攻击 2 型察打一体无人机　　图 3.49 我国攻击-11 型利剑攻击无人机

2. 用于侦察和观察

侦察的危险系数要高于其他军事行动,机器人在这类危险工作场景中,当然是最合适的人选。这类机器人主要有:

(1) 战术侦察机器人

战术侦察机器人配属侦察分队,担任前方或敌后侦察任务。该机器人是一种仿人形的小型智能机器人,身上装有步兵侦察雷达,或红外、电磁、光学、音响传感器及无线电和光纤通信器材,既可依靠本身的机动能力自主进行观察和侦察,还能通过空投、抛射到敌人纵深,选择适当位置进行侦察,并能将侦察的结果及时报告有关部门。图 3.50 为侦察军事机器人。

哈佛大学研制的微型自动飞行器 RoboBees 如图 3.51 所示,其具有蜜蜂般的大小和外形,身体模拟昆虫节肢,头部模拟蜂的眼睛,并带有自动传感器和电子控制设备,可以感知并对环境做出反应,凭借天衣无缝的伪装能轻松出入任何一个门窗敞开的军营和会议室,将敌军的战术策略和关键技术尽收囊中。亚毫米级别的解剖结构和两片每秒振动 120 次的极薄翅膀使其能够完成垂直起飞和转向,并保持微妙的平衡,每个机翼还能实时独立控制,保障了其稳定性，可切换的静电附着力更使其能逼真地模仿昆虫停留在物体表面的栖息状态。

图3.50　侦察军事机器人

图3.51　哈佛大学研制的微型自动飞行器RoboBees

（2）三防侦察机器人

三防侦察机器人主要用于对核沾染、化学染毒和生物污染环境进行探测、识别、标绘和取样。

（3）地面观察员/目标指示员机器人

地面观察员/目标指示员机器人是一种半自主式观察机器人，身上装有摄像机、夜间观测仪、激光指示器和报警器等，配置在便于观察的地点。当发现特定目标时，报警器向使用者报警，并按指令发射激光锁定目标，引导激光武器进行攻击。一旦暴露，还能依靠自身机动能力进行机动，寻找新的观察位置。类似的侦察机器人还有"便携式电子侦察机器人""铺路虎式无人驾驶侦察机"和"街道斥候机器人"等。

英国奎奈蒂克公司北美分公司生产了包括"龙行者"（Dragon Runner）小型无人地面车辆和模块化先进武装机器人系统（Modular Advanced Armed Robotic System，MAARS）在内的"魔爪"系列机器人。其中，MAARS采用遥控式控制方式，模块化设计允许插入多种任务组件，包括传感器、机械臂和多种武器，可以执行的任务包括简易爆炸装置拆除、侦察、危险品操作和战斗工程支援等。图3.52为"魔爪"军用机器人。

图3.52　"魔爪"军用机器人

我国高空长航时信号收集机——翔龙无人机装载 WS-13 发动机，可以在18000m的高空中以750km/h的速度航行，航时达到10h，总航程超过7000km。这款无人机采用了带有翼尖小翼的联翼布局，为了加强隐身性能，其尾喷设计成了三角尾喷口。这款无人机可以在现代化战争中执行远距离侦察和信号收集等任务，还可以指引反舰导弹攻击中型舰艇，如图3.53所示。

图 3.53　翔龙无人机

我国具有炮兵千里眼之称的 JWP-02 是典型的中型无人机，主要作用是为陆战之王——炮兵提供校准服务。战场上炮兵虽然火力强大，但是由于各种因素的影响，其准确性没有弹道导弹那么高，不过有了这款无人机之后，炮兵就能够克服各种天气的干扰，对目标实施精准打击。

3. 用于工程保障

繁重的构筑工事任务，艰巨的修路、架桥，危险的排雷、布雷，常使工程兵不堪重负。而这些工作对于机器人来说，最能发挥它们的"素质"优势。这类机器人有：

(1) 多用途机械手

多用途机械手是一种类似平板车的多功能机器人，上面装有机械手和无线电控制、电视反馈操作系统，可担负运送舟桥纵列和土石方的任务，同时，还能承担运送油桶、弹药等后勤保障任务。

(2) 布雷机器人

布雷机器人是一种仿造现行布雷机械制作的智能机器人，装有遥控和半自主控制两套系统，可以自主设置标准布局的地雷场。它工作时，能严格按照控制者的布雷计划挖坑，给地雷安装引信、打开保险、埋雷和填土，并能自动标示地雷场的界限和绘制埋雷位置图等。

(3) 扫雷机器人

扫雷机器人是专门用来扫除地雷和水雷的排爆机器人，它是用于战场扫雷作业的军用机器人。根据扫雷作业环境不同，扫雷机器人可分陆用和海域用两类，陆用扫雷机器人用于陆战场，它可以代替工兵探测、清除陆战场的地雷障碍；海域用扫雷机器人用于探测、清除海域的水雷障碍，以避免不必要的人员伤亡。图3.54 为我国研制的扫雷机器人。

(4) 海卡尔思飞雷机器人

图 3.54　我国研制的扫雷机器人

海卡尔思飞雷机器人是一种外形似导弹的小型智能机器人，全重五十多千克，装有小型计算机和磁、声传感器，可由飞机投送，也可依靠自身火箭机动。当接近目标区时，它身上的深测设备立即工作，自行成战斗状态。当发现目标接近时，小火箭即刻点燃、起动向目标攻击。其攻击半径为 500～1000m，速度可达 100km/h。

（5）烟幕机器人

烟幕机器人装有遥控发烟装置，可自行运动到预定发烟位置，按人的指令发烟，完成任务后自主返回。该机器人主要协助步兵发烟分队。

（6）便携式欺骗系统机器人

便携式欺骗系统机器人装有自动充气的仿人、车和炮等，主要用于战术欺骗。它可模拟一支战斗分队，并发出响应加声响，自行运动到任务需要的地区去欺骗敌人。

4. 用于指挥、控制

人工智能技术的发展为研制"能参善谋"的机器人创造了条件。研制中的这类机器人有"参谋机器人""战场态势分析机器人"和"战斗计划执行情况分析机器人"等。这类机器人一般都装有较发达的"大脑"思想库，精通参谋业务，通晓司令部工作程序，有较高的分析问题的能力，能快速处理指挥中的各种情报信息并通过显示器告诉指挥员，供其决策。

5. 用于后勤保障

后勤保障是机器人较早运用的领域之一。目前，这类机器人有"车辆抢救机器人""战斗搬运机器人""自动加油机器人"和"医疗助手机器人"等，主要在泥泞、沾染等恶劣条件下遂行运输、装卸、加油、抢修技术装备和抢救伤病人员等后勤保障任务。图 3.55 为机器狗军事机器人，图 3.56 为战地救援军事机器人。

图 3.55　机器狗军事机器人

图 3.56　战地救援军事机器人

6. 用于军事科研和教学

机器人充当科研助手进行模拟教学已有较长历史，并做出过卓越贡献。人类最早采集的月球土壤标本、在太空回收的卫星都是由机器人完成的。如今，用于这方面的机器人较多，典型的有"宇宙探测机器人""宇宙飞船机械臂""放射性环境工作机器人""模拟教学机器人"和"射击训练机器人"等。

3.5　在煤炭行业中的应用

煤炭是我国的基础能源和重要原料，对我国的经济发展发挥着举足轻重的作用。煤炭资源的安全稳定开发关系到国计民生和国家能源安全，担负着能源稳定供应"压舱石"和结构优化升级"稳定器"的作用,肩负着保障国家经济社会平稳运行、确保国家能源安全的重要历史使命。煤矿智能化是煤炭工业发展的必经之路,是实现新时期和新煤炭、新格局高质量发展目标的核心技术支撑。

煤矿行业面临着灾害重、风险大、下井人员多和危险岗位多等情况,在全国煤矿从业人员中,从事掘进、采煤、运输、电气、检修和巡检等危险繁重岗位的人员占比近60%,是迫切需要开展机器人换人的行业。将机器人、人工智能等理论与技术应用于传统煤矿机械,使煤矿机械智能化、机器人化,推进煤矿井下各岗位机器人的使用,是实现"从减少灾害损失到减轻灾害风险"重大举措的有力保证,是践行"无人则安",实现煤矿本质安全必由之路。

煤矿机器人是依靠自身动力和控制能力来完成各种采矿操作任务的机器。评判煤矿机器人的性能水平包含3个因素,一是智能因素,是指记忆、运算、比较、判断、决策、学习和逻辑推理等感知能力;二是机能因素,是指变通性、通用性或空间占有性等运动能力;三是物理能因素,是指力、速度、可靠性和寿命等负载能力。煤矿机器人属于非制造环境下的特种机器人,也可称为机器人化机器。煤炭开采工艺繁杂,工序繁多,作业类型众多,根据煤矿作业的特殊条件和特点,煤矿机器人主要有掘进、采煤、运输、安控和救援共5类38种。掘进类机器人包括掘进工作面机器人群、掘进机器人、全断面立井盾构机器人、临时支护机器人、钻锚机器人、喷浆机器人、探水钻孔机器人、防突钻孔机器人和防冲钻孔机器人;采煤类机器人包括采煤工作面机器人群、采煤机器人、超前支护机器人、充填支护机器人和露天矿穿孔爆破机器人;运输类机器人包括搬运机器人、破碎机器人、车场推车机器人、巷道清理机器人、煤仓清理机器人、水仓清理机器人、选矸机器人、巷道冲尘机器人、井下无人驾驶运输车、露天矿电铲智能远程控制自动装载系统和露天矿卡车无人驾驶系统;安控类机器人包括工作面巡检机器人、管道巡检机器人、通风监测机器人、危险气体巡检机器人、自动排水机器人、密闭砌筑机器人、管道安装机器人、传送带机巡检机器人、井筒安全智能巡检机器人和巷道巡检机器人;救援类机器人包括井下抢险作业机器人、矿井救援机器人和灾后搜救水陆两栖机器人。

据统计,目前我国已有29种煤矿机器人在不同煤矿投入了实际应用。

1. 掘进类机器人

中国矿业大学(北京)设计了掘进工作面机器人群,示意图如图3.57所示。该掘进工作面机器人群属于掘、支、锚、运一体化智能机组,它由截割系统、临时支护系统、锚固系统、装运系统和行走系统组成,具有掘锚平行作业、多臂钻锚支护、连续破碎运输、长压短抽通风和远程操控等特点。掘进工作面机器人群具有掘进机位姿自动检测、掘进机截割轨迹优化、自适应截割和自主纠偏等特点,能实现自移式掘进—支护—锚固—运输联合机组的自动作业。

图3.58为掘进机器人示意图。该机器人在掘进机上安装有激光测距仪、激光标靶、线激光发射器、扇面激光发射器和双轴倾角传感器等传感装置,具备定位导航、纠偏、多参数感知、状态监测与故障预判、远程干预等功能。

盾构隧道掘进机也可认为是一种巷道盾构机器人,它在隧道施工中比较常见,现阶段也被应用在煤矿的掘进施工中。巷道盾构机器人具有切削土体、输送土碴、拼装衬砌和导向纠偏等自动化作业功能。

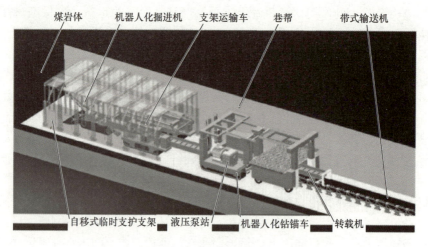

图 3.57　掘进工作面机器人群示意图

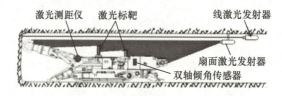

图 3.58　掘进机器人示意图

2. 采煤机器人

采煤工作面机器人群由机器人化截割、机器人化支护、机器人化导运和机器人化转运四大机组构成，如图 3.59 所示。采煤工作面机器人群实现智能化无人操作，首先要具备采煤机、液压支架、刮板输送机的单机智能运行，还要实现采煤机、刮板输送机和液压支架之间的智能协同控制；其次要实现智能破碎机、智能转载机、智能带式输送机的自适应调控及其与机群的自协同调控；最后是设备状态、故障的地面监控远程感知。

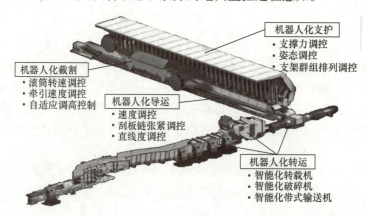

图 3.59　采煤工作面机器人群

当前的采煤机器人主要是智能化采煤机，处于示教和简单感知的后二代机器人水平，具有记忆割煤功能以及恒功率、恒扭矩和恒转速等截割方式，采煤机行走与截割联动控制，能够实现远程化、网络化控制。采煤机器人远程监控替代了综采机组人工控制，实现了综采作业远程控制，地面远程控制距离可达 10km，井下硐室监控距离能够达到 1km，本地遥控距离为 0.5km。图 3.60 为中国矿业大学研制的具有 5 种调控功能的第四代采煤机器人，以大功率永磁直联电动机作为驱动，能够智能识别截割的煤岩界面，具有自主调高、自主调速、自主推进、自主调直和自主纠偏等智能运行能力。

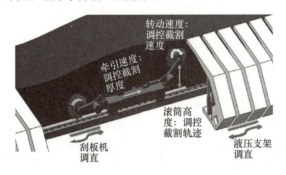

图 3.60　第四代采煤机器人

3. 钻锚机器人

瑞典 Sandvik 目前已推出 DS311、DS311D、DS411 和 DS421 等型号全自动单臂岩巷锚杆钻车。Fletcher 推出了 Fletcher 3000 系列的全自动单臂锚杆钻车，并且已经推出了全自动两臂锚杆钻车。瑞典 Atlas Copco 陆续推出了型号为 Boltec 235、Boltec E、Boltec M、Boltec S 和 Boltec LS 共 5 个系列全自动锚杆钻车，研制的 Boomer 钻孔机器人钻进速度可以达到 1.6m/min，是常用的人工气腿式凿岩机的 10 倍；日本东洋公司生产的钻孔机器人的定位误差能够达到小于 50mm 的水平，定位时间为 25~40s；法国的 Montabert 公司的钻孔机器人定位误差仅为 10mm，钻臂一次定位时间约 10s。法国 Secoma 公司研发生产的钻装台车，锚支能力可达到每班 60~80 根锚杆；瑞典 Atlas Copco 公司研制的锚杆钻装台车，钻装能力为 15~30 根/h；澳大利亚 Hydramatic 公司的四钻臂锚杆钻机具有支护速度快的特点，能够满足快速掘进的支护要求。我国三一重工集团和石家庄煤机公司也生产了国产钻装机。

4. 喷浆机器人

喷浆支护是国内近几十年来大力推广应用的一种巷道支护新工艺。与传统的木材、钢梁支护方法相比，喷浆支护不仅节省了大量木材和钢材，而且具有施工速度快、支护效果好等优点。喷浆机器人可替代人工喷浆操作，能解决湿喷台车操控复杂、操控技能要求高和机手劳动强度大的问题。喷浆机器人的覆盖宽度为 2.5m、高度为 3.2m，无死角，施工效率高，喷嘴末端轨迹跟踪误差小于 12cm，位置感知误差小于 2%。山东科技大学研制出了喷浆机器人，中联重工研制出了混凝土湿喷台车。

5. 瓦斯、地压、粉尘和风速巡检机器人

瓦斯、粉尘和冲击地压是井下作业中的三个不安全因素，一旦突发事故，相当危险且后果严重。但瓦斯和冲击地压在形成突发事故之前，都会表现出种种迹象，如岩石破裂等。采用带有专用新型传感器的移动式巡检机器人，可连续监视采矿状态，便于及早发现事故突发的先兆，采取相应的预防措施。此外，风速巡检机器人巡检时可随时记录巷道的风速并发到主机计算机，发现巷道有漏风或是风速不够，马上做出反应并采取处理措施。

6. 抢险救灾机器人

矿井救援机器人主要用于煤矿井下发生水灾、火灾及瓦斯灾害之后的救援行动，应具备

自主行走、导航定位、被困人员生命探测、音视频交互和紧急救护物资输送等功能，能够在灾害后的恶劣环境中自主搜寻被困人员。1998 年美国研发出井下救援机器人，2006 年中国矿业大学研制出 CUMT-I 型矿井搜救机器人，如图 3.61 所示。目前，我国取得煤矿安全产品标志的井下探测机器人有唐山开诚集团研制的 KQR48 矿用侦测机器人（见图 3.62）和中国矿业大学研制的 ZR 矿用探测机器人（见图 3.63）。瑞典 BROkk 公司制造出小尺寸破拆机器人，作业效率是手持风镐的 8 倍，可用于煤仓清堵作业。

图 3.61　CUMT-I 型矿井搜救机器人

图 3.62　KQR48 矿用侦测机器人

图 3.63　ZR 矿用探测机器人

哈尔滨工业大学开发了可以完成检测、灭火任务的煤矿机器人，如图 3.64 所示。该机器人可以检测环境中的各种有害气体，并且具有优秀的跨越障碍物能力，同时最远可保持 2km 的远距离通信。

北京理工大学研发团队在国家"863"项目资助下对现有的煤矿救援机器人平台进行了优化设计，开发了矿用防爆机械手臂。操作人员可以通过遥控方式控制该机器人的运动，机器人车体上配备的防爆机械手臂可以抓取，可用于清理矿井环境中的障碍物，如图 3.65 所示。

图 3.64　哈工大矿用侦测灭火机器人

图 3.65　北京理工大学煤矿救援机器人

随着机器人研究的不断深入和发展，煤矿机器人的应用领域将越来越宽，经济效益和社会效益也会越来越显著，解决煤炭开采的恶劣环境问题以及机器人发展的趋势是实现无人化矿井。

3.6 新兴应用领域

1. 仓储及物流

近年来，机器人相关产品及服务在电商仓库、冷链运输、供应链配送和港口物流等多种仓储和物流场景得到快速推广和频繁应用。仓储类机器人已能够采用人工智能算法及大数据分析技术进行路径规划和任务协同，并搭载超声测距、激光传感和视觉识别等传感器完成定位及避障，最终实现数百台机器人的快速并行推进上架、拣选、补货、退货和盘点等多种任务。在物流运输方面，城市快递无人车依托路况自主识别、任务智能规划的技术构建起高效率的城市短程物流网络；山区配送无人机具有不受路况限制的特色优势，以极低的运输成本打通了城市与偏远山区的物流航线。仓储和物流机器人凭借远超人类的工作效率以及不间断劳动的独特优势，未来有望建成覆盖城市及周边地区高效率、低成本和广覆盖的无人仓储物流体系，极大地提高了人类生活的便利程度。

2. 消费品加工制造

全球制造业智能化升级改造仍在持续推进，从汽车、工程机械等大型装备领域向食品、饮料、服装和医药等消费品领域加速延伸。同时，工业机器人开始呈现小型化、轻型化的发展趋势，使用成本显著下降，对部署环境的要求明显降低，更加有利于扩展应用场景和开展人机协作。目前，多个消费品行业已经开始围绕小型化、轻型化的工业机器人推进生产线改造，逐步实现加工制造全流程生命周期的自动化、智能化作业，部分领域的人机协作也取得了一定进展。随着机器人控制系统自主性、适应性和协调性的不断加强，以及大规模、小批量和柔性化定制生产需求的日渐旺盛，消费品行业将成为工业机器人的重要应用领域，推动机器人市场进入新的增长阶段。

3. 外科手术及医疗康复

在外科手术领域，凭借先进的控制技术，机器人在力度控制和操控精度方面明显优于人类，能够更好地解决医生因疲劳而降低手术精度的问题。通过专业人员的操作，外科手术机器人已能够在骨科、胸外科、心内科、神经内科、腹腔外科和泌尿外科等专业化手术领域获得一定程度的临床应用。在医疗康复领域，日渐兴起的外骨骼机器人通过融合精密的传感及控制技术，为用户提供可穿戴的外部机械设备，能够满足永久损伤患者恢复日常生活的需求，同时协助可逆康复患者完成训练，实现更快速的恢复治疗。随着运动控制、神经网络和模式识别等技术的深入发展，外科手术及医疗康复领域的机器人产品将得到更为广泛、普遍的应用，真正成为人类在医疗领域的助手与伙伴，为患者提供更为科学、稳定和可靠的高质量服务。

4. 楼宇及室内配送

依托地图构建、路径规划、机器视觉和模式识别等先进技术，能够提供跨楼层到户配送服务的机器人开始在各类大型商场、餐馆、宾馆和医院等场所陆续出现。目前，部分场所已开始应用能够与电梯、门禁进行通信互联的移动机器人，为场所内用户提供真正点到点的配送服务，完全替代了人工。随着市场成熟度的持续提升、用户认可度的不断提高以及相关设施配套平台的逐步完善，楼宇及室内配送机器人将会得到更多应用普及，并结合会议、休闲和娱乐等多元化场景孕育出更具想象力的商业生态。

5. 智能陪伴与情感交互

现代工作和生活节奏持续加快，往往难以有充足的时间与合适的场地来契合人类相互之间的陪伴与交流诉求。随着智能交互技术的显著进步，智能陪伴与情感交互类机器人正在逐步获得市场认可。以语音辨识、自然语义理解、视觉识别、情绪识别、场景认知和生理信号检测等功能为基础，机器人可以充分分析人类的面部表情和语调方式，并通过手势、表情和触摸等多种交互方式做出反馈，极大地提升了用户体验效果，满足用户的陪伴与交流诉求。随着深度学习技术的进步和认知推理能力的提升，智能陪伴与情感交互机器人系统内嵌的算法模块将会根据不同用户的性格、习惯及表达情绪，形成独立而有差异化的反馈效果，即所谓"千人千面"的高级智能体验。

6. 复杂环境与特殊对象的专业清洁

依托三维场景建模、定位导航和视觉识别等技术的持续进步，采用机器人逐步替代人类开展各类复杂环境与特殊对象的专业清洁工作已成为必然趋势。在城市建筑方面，机器人能够攀附在摩天大楼、高架桥之上完成墙体表面的清洁任务，有效避免了清洁工高楼作业的安全隐患。在高端装备领域，机器人能够用于高铁、船舶和大型客机的表面保养除锈，降低了人工维护成本与难度。在地下管道、水下线缆和核电站等特殊场景中，机器人能够进入到人类不适于长时间停留的环境中完成清洁任务。随着解决方案平台化、定制化水平日益提高，专业清洁机器人的应用场景将进一步扩展到更多与人类生产生活更为密切相关的领域。

7. 城市应急安防

城市应急处理和安全防护的复杂程度和危险系数高，各类适用于多样化任务和复杂性环境的特种机器人正在加快研发，逐渐成为应急安防部门的重要选择。可用于城市应急安防的机器人细分种类繁多，且具有较高的专业性，一般由移动机器人搭载专用的热力成像、物质检测和防爆应急等模块组合而成，包括安检防爆机器人、毒品监测机器人、抢险救灾机器人、车底检查机器人和警用防暴机器人等。可以预见，机器人在城市应急安防领域的日渐广泛应用，能显著提升人类对各类灾害及突发事件的应急处理能力，有效增强紧急情况下的容错性。如何逐步推动机器人对危险的预判和识别能力向人类看齐，将是城市应急安防领域在下一阶段亟待攻克的课题。

8. 影视作品拍摄与制作

当前全球影视娱乐相关产业规模日益扩大，新颖复杂的拍摄手法以及对场景镜头的极致追求促使各类机器人更多地参与到拍摄过程，并为后期制作提供专业的服务。目前广泛应用在影视娱乐领域中的机器人主要利用微机电系统、惯性导航算法和视觉识别算法等技术，实现系统姿态平衡控制，保证拍摄镜头清晰稳定，以航拍无人机、高稳定性机械臂云台为主要代表。随着性能的持续提升和功能的不断完善，机器人有望逐渐担任起影视拍摄现场的摄像师、灯光师、录音师和场记等职务。配合智能化的后期制作软件，普通影视爱好者也可以在人数、场地受限的情况下拍摄制作自己的影视作品。

9. 能源和矿产采集

能源及矿产的采集场景正在从地层浅表延伸至深井、深海等危险复杂的环境，开采成本持续上升，开采风险显著增加，亟须采用具备自主采集和分析能力的机器人替代人力。依托计算机视觉、环境感知和深度学习等技术，机器人可实时捕获机身周围的图像信息，建立场景的对应数字模型,根据设定采集指标自行规划任务流程,自主执行钻孔检测以及采集能源矿产的各种工序,有效避免在资源运送过程中的操作失误及人员伤亡事故,提升能源矿产采集的安全性和可控性。随着机器人环境适应能力和自主学习能力的不断提升,曾经因自然灾害、环境变化等缘故不再适宜人类活动的废弃油井及矿场有望得到重新启用,对于扩展人类资源利用范围和提升资源利用率有着重要意义。

10. 国防与军事

现代战争环境日益复杂多变,海量的信息攻防和快速的指令响应成为当今军事领域的重要考量,对具备网络与智能特征的各类军用机器人的需求日渐紧迫,世界各主要发达国家已纷纷投入资金和精力积极研发能够适应现代国防与军事需要的军用机器人。目前,以军用无人机、多足机器人、无人水面艇、无人潜水艇和外骨骼装备为代表的多种军用机器人正在快速涌现,凭借先进传感、新材料、生物仿生、场景识别、全球定位导航系统和数据通信等多种技术,已能够实现"感知—决策—行为—反馈"流程,在战场上自主完成预定任务。综合加快战场反应速度、降低人员伤亡风险和提高应对能力等各方面因素考虑,未来的军事机器人将在海、陆、空等多个领域得到应用,助力构建全方位、智能化的军事国防体系。

3.7 本章总结

机器人在国民经济中的应用十分广泛,可以说已经深入人们的生产和生活的方方面面。本章主要介绍机器人在工业、农业、医学、军事、煤炭和新兴行业中的应用情况,以使读者了解机器人技术在国民经济中的地位和作用。

第 4 章

机器人硬件系统

4.1 机器人系统组成

机器人是一个机电一体化的设备。机器人系统是由机器人和作业对象及环境共同构成的,其中包括机械系统、驱动系统、控制系统和感知系统四大部分,其组成框图如图 4.1 所示。

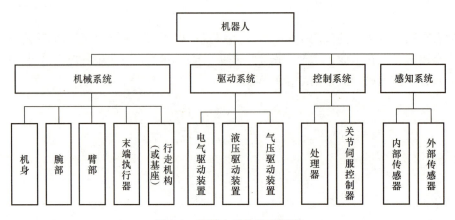

图 4.1 机器人系统组成框图

1. 机械系统

机器人的机械系统相当于人的身体(如骨骼、手、臂和腿等),包括机身、腕部、臂部、末端执行器和行走机构(或基座)等部分,每一部分都有若干自由度,从而构成一个多自由度的机械系统。若机器人具备行走机构,则构成行走机器人;若机器人不具备行走及腰转机构,则构成单机器人臂。末端执行器是直接装在手腕上的一个重要部件,它可以是两手指或多手指的手爪,也可以是喷漆枪、焊枪等作业工具。

2. 驱动系统

驱动系统相当于人的肌肉、筋络,包括驱动源、传动机构等,主要是指驱动机械系统动作的驱动装置。根据驱动源的不同,驱动系统可分为电气、液压和气压以及把它们结合起来应用的综合系统。

电气驱动系统在工业机器人中应用得较普遍,又分为步进电动机、直流伺服电动机和交流伺服电动机三种驱动形式。早期多采用步进电动机驱动,后来发展了直流伺服电动机和交流伺服电动机驱动。上述驱动单元有的用于直接驱动机构运动,有的通过谐波减速器减速后驱动机构运动,结构简单紧凑。

液压驱动系统运动平稳,且负载能力大,适用于重载搬运和零件加工的机器人。但液压驱动存在管道复杂、清洁困难等缺点,限制了其应用。

气压驱动机器人结构简单、动作迅速且价格低廉,但由于空气具有可压缩性,其工作速度的稳定性较差。然而,空气的可压缩性可使手爪在抓取或卡紧物体时的顺应性提高,防止受力过大而造成被抓物体或手爪本身的破坏。

3. 控制系统

机器人的控制系统相当于人的大脑和小脑,包括处理器及关节伺服控制器等。控制系统的任务是根据机器人的作业指令程序及从传感器反馈回来的信号控制机器人的执行机构,使其完成规定的运动和任务。

如果机器人不具备信息反馈特征,则该控制系统称为开环控制系统;如果机器人具备信息反馈特征,则该控制系统称为闭环控制系统。控制系统主要由计算机硬件和控制软件组成。软件主要由人与机器人进行联系的人机交互系统和控制算法等组成。

4. 感知系统

机器人的感知系统相当于人的感官和神经,由内部传感器和外部传感器组成,其作用是获取机器人内部和外部环境信息,并把这些信息反馈给控制系统。内部状态传感器用于检测各关节的位置、速度等变量,为闭环伺服控制系统提供反馈信息。外部状态传感器用于检测机器人与周围环境之间的一些状态变量,如距离、接近程度和接触情况等,用于引导机器人,便于其识别物体并做出相应处理。外部传感器可使机器人以灵活的方式对它所处的环境做出反应,赋予机器人一定的智能。

机器人各部分之间的相互关系如图4.2所示。

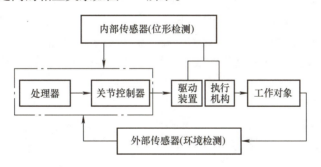

图 4.2 机器人各部分之间的相互关系

4.2 机器人典型的运动机构

机器人的运动机构一直受到生物学上对应物的启发。自然界生物系统中的运动方式多种多样,生物系统中用到的运动装置见表4.1。

对应的机器人的运动机构也很多,典型的有腿式行走机构、履带式行走机构和轮式行走机构等。

表 4.1　生物系统中用到的运动装置

运动方式	运动阻力	运动学
流动	水动力	涡流
爬行	摩擦力	纵向振动
滑行	摩擦力	横向振动
跑动	动能损失	多连杆摆的振荡运动
跳动	动能损失	多连杆摆的振荡运动
行走	引力	多边形滚动

4.2.1　腿式行走机构

腿式行走机构是腿式机器人（或足式机器人）的主要行进方式，以机器人和地面之间的点接触为特征。自然界偏爱腿式运动，因为自然界运动系统必须在粗糙和非结构化地形上运行。腿式行走机构在粗糙地形上具有很好的自适应性和机动性，缺点是动力、控制和结构较复杂。腿式行走机构有单腿、双腿、四腿和六腿等行走机构。腿越多的机器人，稳定性越好，当腿的数量超过 6 条之后，机器人在稳定性上就具有了天然的优势。

腿式移动机器人的腿至少需要 2 个自由度，即提腿和将腿摆动向前。腿的数量会影响机械的复杂性和控制的复杂性。增加腿的自由度可提高机器人的机动性，但是需要增加关节和激励器，会带来动力、控制和质量方面的问题，需要更多的能量和控制。如（多足）昆虫一出生就能行走，4 条腿的哺乳动物一般出生后几分钟能行走，2 条腿的人则需要一年左右才能行走。图 4.3 为波士顿动力公司推出的各种腿式机器人。

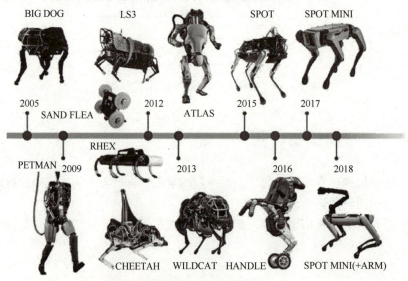

图 4.3　腿式机器人

4.2.2 履带式行走机构

履带式行走机构是依靠接地履带与底板之间相对运动产生的摩擦力来驱动机器行走的，为连接到驱动齿轮、轮子或链轮的一组连杆，允许它们沿着机器人的底盘以与传送带类似的方式运行。

履带式行走机构的优点：
1) 可提供更大的牵引力、更大的加速度。
2) 可以提供比轮子更好的平衡。
3) 具有更强的越障能力。

履带式行走机构的缺点：
1) 履带可能脱落、卡住甚至撕裂。
2) 履带和驱动机构之间的间隙可能被卡住。
3) 修理相对更难。
4) 运动速度相比较轮式运动更慢。

在履带式行走机构上增加单独控制或者联动控制的2个或4个鳍，可提高机器人通过复杂地形的能力。图 4.4 为容易上下台阶的履带式机器人。

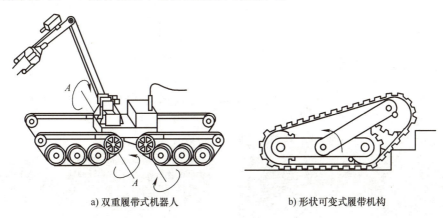

a) 双重履带式机器人　　b) 形状可变式履带机构

图 4.4　容易上下台阶的履带式机器人

4.2.3 轮式行走机构

与腿式和履带式行走机构相比，轮式行走机构驱动机器人运动得更快，消耗的能量较少；从控制的角度来看，由于其简单的机械结构和较好的稳定性，相对较为容易控制。在平坦的地表，轮式运动比腿式运动效率高 1~2 个数量级。但轮式运动效率依赖于周围环境的质量，尤其是地面的平整度和硬度，在粗糙地形环境、不平整的地面应用起来较为困难。

1. 差动运动轮式行走机构

差动运动轮是由两个轴线平行的驱动轮以及一个或多个从动轮组成。通过控制两个驱动轮达到一定的速度，就可得到差动运动的效果。当两个驱动轮具有相同的速度时，就能使得机器人进行直线运动。当一个驱动轮的速度为零，另一个驱动轮的速度不为零时，机器人就会绕前一个驱动轮与地面的接触点做旋转运动。当两个驱动轮的速度出现其他情况时，机器人的运动将会是以上两种运动的合成。

差动运动的方式非常普遍，有各种衍生形式，如中心可转向轮（Centered orientable wheel）、阿卡曼轮（Ackerman wheel）等。

2. 全向运动轮式行走机构

很多情况下，人们希望实现全向运动，尤其在狭窄的工作空间中，理论上单个球形轮可实现全向运动。

球形轮轮体为球形，通过控制分布在轮体周围的摩擦轮，实现球形轮的驱动。球形轮的结构和控制非常复杂，技术上很难实现，而且应用范围有限，只能在环境比较理想的条件下（如地面平整）使用。

可以进行多个全向轮组合使用，全向运动平台最常见的为三轮或四轮构型。图4.5为全向运动轮式行走机构。

图4.5 全向运动轮式行走机构

4.2.4 复合式行走机构

轮式、腿式和履带式行走机构各有其优缺点，采用复合式行走机构可有效提高机器人的运行性能。图4.6为复合式行走机构。

KAIST——DRC HUBO　　　　　　　国防科技大学——Kylin轮履结合机器人
a) 轮腿式行走机构　　　　　　　　　b) 轮履式行走机构

图4.6 复合式行走机构

4.3 机器人驱动系统

4.3.1 关节与驱动方式

1. 关节

机器人中连接运动部分的机构称为关节。机器人关节有移动、转动、滑动和球型等不同类型。由于球型关节具有多个自由度难以控制，除用于研究外实际中并不常用。滑动关节是移动型的，不包含旋转运动，并由气缸、液压缸或者线性电驱动器驱动。转动型和移动型关节分别称为转动关节和移动关节。

（1）转动关节

转动关节由回转轴、轴承和驱动机构组成，承担着连接机器人各机构和传递回转运动的职能，多用于基座与臂部、臂部与臂部、臂部与手部等连接部位。

（2）移动关节

移动关节由直线运动机构和在整个运动范围内起直线导向作用的直线导轨部分组成。导轨有滑动导轨、滚动导轨、静压导轨和磁性悬浮导轨等形式。

2. 驱动方式

机器人的驱动方式有直接驱动和间接驱动两种。

（1）直接驱动方式

直接驱动方式是指驱动器的输出轴和机器人手臂的关节轴直接相连的方式。这种驱动方式的驱动器与关节之间的机械系统较少，能够减少摩擦等非线性因素的影响，控制性能较好，缺点是为了直接驱动手臂的关节，驱动器输出转矩须很大，不能忽略动力学对手臂运动的影响，控制系统还须考虑手臂的动力学问题。

使用这种直接驱动方式的机器人通常称为DD机器人（Direct Drive Robot，DDR）。DD机器人的驱动电动机通过机械接口直接与关节连接，驱动电动机和关节之间没有速度和转矩的转换。

（2）间接驱动方式

间接驱动方式是把机器人驱动器的动力经过减速器、钢丝绳、传送带或平行连杆等装置传递给关节，有带减速器的电动机驱动和远距离驱动两种方式。目前大部分机器人的关节采用这种驱动方式。中小型机器人一般采用普通的直流伺服电动机、交流伺服电动机或步进电动机作为执行电动机。

4.3.2 驱动系统的分类

机器人的驱动系统主要是指驱动机械系统动作的驱动装置，可分为电动、液压、气压以及把它们结合起来应用的综合系统。

1. 电动驱动

电动驱动，主要是电动机驱动，机器人电动伺服驱动系统是利用各种电动机产生的力矩和力，直接或间接地驱动机器人本体以获得机器人的各种运动的执行机构。电动驱动精度高，调速方便，应用最为普遍，缺点是输出力和力矩较小，负载能力低。

电动驱动的动力源是电动机。电动机是将电能转换为机械能，为旋转机械提供转矩的设备或装置。按照原理和用途，电动机可分为直流电动机、交流电动机和控制电动机等。机器人电动驱动中常用的电动机为直流伺服电动机、交流伺服电动机和步进电动机等。图4.7为直流伺服电动机及其控制器。

机器人系统常用的舵机就是集成了直流电动机、减速器、检测元件和控制板，并封

图4.7 直流伺服电动机及其控制器

装在一个便于安装的外壳里的伺服单元。它能够利用简单的输入信号比较精确地转动给定角度。舵机利用内置的电位器（或编码器）检测输出轴转动的角度，控制板根据电位器的信息能比较精确地控制和保持输出轴的角度。

2. 液压驱动

液压驱动系统是利用液压泵将原动机的机械能转换为液体的压力能，通过液体压力能的变化来传递能量，经过各种控制阀和管路的传递，借助于液压执行元件（液压缸或液压马达）把液体压力能转换为机械能，从而驱动工作机构，实现直线往复运动或回转运动。其工作介质为液体，一般为矿物油。液压驱动的优点是驱动力或驱动力矩大，即功率重量比大，响应快速，易于实现直接驱动；缺点是需配备压力源及复杂的管路系统，因而成本较高，油液容易泄漏，影响工作的稳定性与定位精度，工作噪声大，适用于承载能力大、惯性大的机器人。图 4.8 为液压系统。

3. 气压驱动

气压驱动系统通常由压缩空气或压缩惰性气体提供动力，由气源、气动执行元件、气动控制阀和气动附件组成。气源一般由空气压缩机将空气压缩后形成，为气缸、气动马达和其他气动装置提供动力。气动执行元件把压缩气体的压力能转换为机械能，用来驱动工作部件。气动控制阀用来调节气流的方向、压力和流量。气压驱动系统的优点是速度快、结构简单、维修方便和价格低；缺点是由于空气具有可压缩性，难以实现伺服控制，工作速度的稳定性较差，功率较小，噪声大。图 4.9 为气压泵。

图 4.8　液压系统

图 4.9　气压泵

4. 其他驱动系统

还有一些新型的驱动方式，如电磁驱动、智能材料（如形状记忆合金、离子交换聚合金属材料）驱动等。

4.4　机器人传感装置

机器人是由计算机控制的复杂机器，具有类似人的肢体及感官功能，动作程序灵活，有一定程度的智能，在工作时可以不依赖人的操纵。机器人传感器在机器人的控制中起了非常重要的作用，正因为有了传感器，机器人才具备了类似人类的知觉功能和反应能力。

4.4.1 机器人传感器分类

机器人传感器将相关特征或相关物体特征转换为执行某一机器人功能所需要的信息。这些物体特征主要是几何的、机械的、光学的、声音的、材料的、电气的、磁性的、放射性的和化学的等。这些特征信息构成了与机器人工作任务有关的自身和环境信息。

机器人传感器有多种分类方法，如接触式传感器或非接触式传感器，内（置、部）传感器或外（置、部）传感器，无源传感器或有源传感器等。非接触式传感器是以某种电磁射线，如可见光、X射线、红外线、超声波或电磁射线的形式来测量目标的响应。接触式传感器则以某种实际接触（如触碰、力或力矩、压力、位置、温度、电量、磁量等）形式来测量目标的响应。内部传感器用来测量机器人的内部状态，如位置、速度、加速度和力等。外部传感器主要用来测量来自环境的信息，尤其是对操作对象信息的采集。图4.10 为机器人传感器分类。

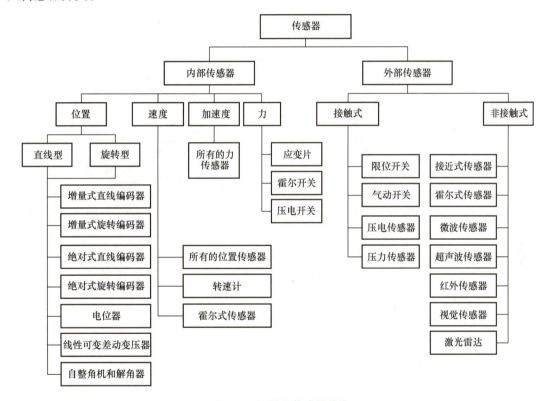

图4.10　机器人传感器分类

4.4.2 内部传感器

机器人内部传感器主要包括位移（位置）传感器、速度和加速度传感器、力传感器以及应力传感器等。

1. 位移（位置）传感器

位移传感器用于测量机器人各关节的位置，可以是直线移动的线位移，也可以是旋转的角位移，主要有编码器、电位器、线性可变差动变压器、自整角机和解角器等。

(1) 编码器

编码器是将（角）位移信息转换成一系列电子脉冲的数字光电装置。根据其脉冲计数方式，可分为增量式编码器和绝对式编码器，各自又有直线型和旋转型，分别用来测量线位移和角位移，如图 4.11 所示。

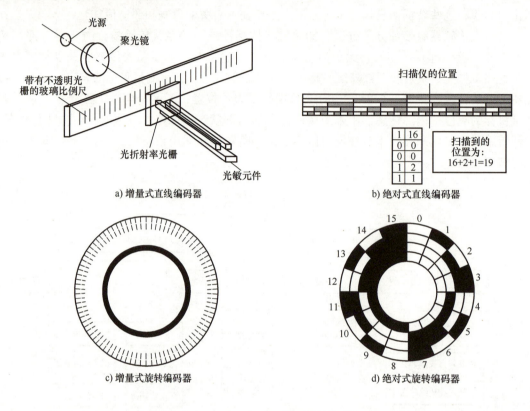

图 4.11 编码器

(2) 电位器

电位器通过可变电阻把线位移或角位移转换为随位置变化的电压，如图 4.12 所示，该传感器有一个与电阻元件接触用的滑动片，随着接触点的变化，其滑动片与电阻终端的阻值随着位移的变化而变化。

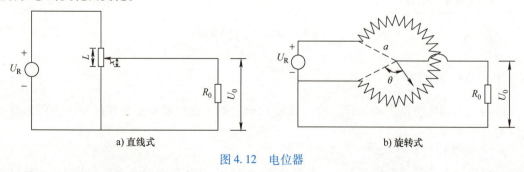

图 4.12 电位器

(3) 线性可变差动变压器

线性可变差动变压器也是常用的位移传感器之一，特别是在需要高精度的情况下。其基本原理是：铁心在标准的磁场内移动，产生的磁场和标准的变压器类似。如图 4.13 所示，在两个相同的二级线圈间有一个主线圈。当铁心相对线圈位置发生变化时，磁场发生变化，从而使二级线圈输出的电压值发生变化。在一定范围内，电压的变化与铁心的位移成正比。

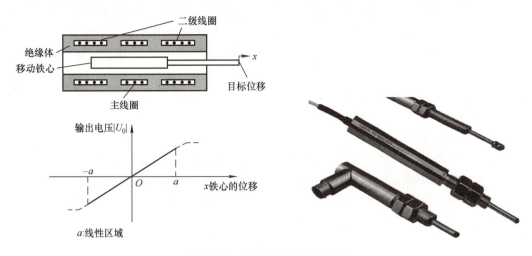

图 4.13 线性可变差动变压器

旋转可变差动变压器与线性可变差动变压器的工作原理一样，可用于检测角位移，通常范围为 ±40°。

2. 速度传感器

速度的测量是通过以一定的时间间隔连续测量位置信息，根据微分计算得出其位置随时间的变化率，即速度。

一般情况下，所有的位置传感器都是以固定的时间间隔采样的，都可以计算出速度。除此之外，还有测速发电机、霍尔式传感器等。

测速发电机是测量设备旋转速度的，有交流和直流两种。测速发电机由定子和转子组成。一般情况下，测速发电机转子是和旋转设备的旋转轴通过联轴器连接在一起，随着被测旋转设备一起转动的。测量时，当测速发电机由被测转动轴驱动而旋转时，缠绕在定子上的输出绕组两端就会有电压 U_f 输出，且该电压大小与被测转动轴的转速 n 成正比。图 4.14 为测速发电机及其工作原理示意图。

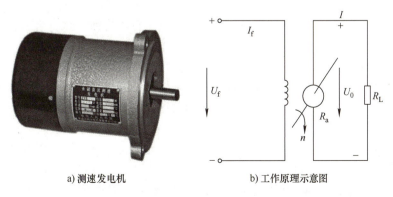

a) 测速发电机　　　　　　　b) 工作原理示意图

图 4.14 测速发电机及其工作原理示意图

霍尔式传感器是根据霍尔效应制作的一种磁场传感器,有线型霍尔式传感器和开关型霍尔式传感器两种类型。霍尔器件具有结构牢固,体积小,重量轻,寿命长,安装方便,功耗小,频率高(可达1MHz),耐振动,不怕灰尘、油污、水汽及盐雾等的污染或腐蚀等许多优点。霍尔线性器件的精度高、线性度好;霍尔开关器件无触点、无磨损、输出波形清晰、无抖动、无回跳且位置重复精度高(可达 μm 级)。霍尔式传感器可用来测量力、力矩、压力、应力、位置、位移、速度、加速度、角度、角速度、转数和转速等物理量。测转速时,在非磁性材料的圆盘边上粘一块或多块磁钢,霍尔式传感器安放在靠近圆盘边缘处,圆盘随旋转设备每转动一周,霍尔式传感器就输出一个或多个脉冲,从而可测出转动了多少圈(转数),每分钟内的转数便是转速。

3. 加速度传感器

加速度传感器是一种能够测量加速度的传感器,通常由质量块、阻尼器、弹性元件、敏感元件和适调电路等部分组成。传感器在加速过程中,通过对质量块所受惯性力的测量,利用牛顿第二定律获得加速度值。根据传感器敏感元件的不同,常见的加速度传感器包括电容式、电感式、应变式、压阻式和压电式等。图4.15为压电式加速度传感器及其结构。

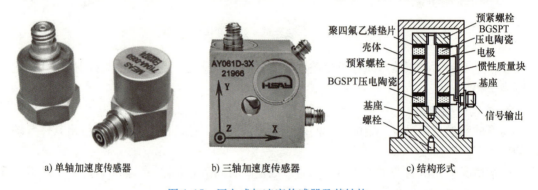

图4.15 压电式加速度传感器及其结构

压电式加速度传感器又称压电加速度计,属于惯性式传感器。压电式加速度传感器的原理是利用压电陶瓷或石英晶体的压电效应,在加速度计受振时,质量块加在压电元件上的力也随之变化。当被测振动频率远低于加速度计的固有频率时,力的变化与被测加速度成正比。

基于微机电系统(MEMS)硅微加工技术,压阻式加速度传感器具有体积小、低功耗等特点,易于集成在各种模拟和数字电路中,广泛应用于汽车碰撞实验、测试仪器和设备振动监测等领域。

电容式加速度传感器是基于电容原理的极距变化型的电容传感器。电容式加速度传感器(又称电容式加速度计)是比较通用的加速度传感器,在某些领域无可替代,如安全气囊、手机移动设备等。电容式加速度传感器采用了 MEMS 工艺,在大量生产时性价比高。

4. 力传感器

常用的力传感器有电阻应变片、半导体压力传感器等,还有磁性、压电式和振弦式力传感器等,用于测量两物体之间作用力的三个分量和力矩的三个分量,可用来测量机器人末端执行器(手爪)夹持或抓握物体的力度信息。图4.16为力传感器。

电阻应变片是由 $\Phi = 0.02 \sim 0.05$mm 的康铜丝或镍铬丝绕成栅状(或用很薄的金属箔腐蚀成栅状)夹在两层绝缘薄片中(基底)制成,用镀银铜线与应变片栅丝连接,作为电阻

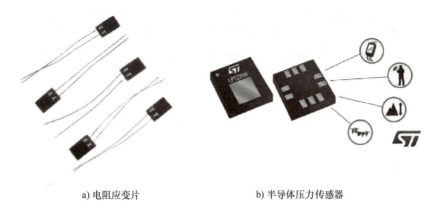

a) 电阻应变片　　　　　　　　b) 半导体压力传感器

图 4.16　力传感器

片引线。它能将机械构件上应变的变化转换为电阻变化，用于测量应变的元件。电阻应变片有多种形式，常用的有丝式和箔式。

扭矩传感器，又称力矩传感器、扭力传感器、转矩传感器和扭矩仪，分为动态和静态两大类，其中动态扭矩传感器又叫作转矩传感器、转矩转速传感器、非接触扭矩传感器和旋转扭矩传感器等。扭矩传感器是用于检测各种旋转或非旋转机械部件扭转力矩的装置，将扭力的物理变化转换成精确的电信号，具有精度高、频响快、可靠性好和寿命长等优点。

5. 陀螺仪

陀螺仪是用高速回转体的动量矩敏感壳体相对惯性空间绕正交于自转轴的一个或两个轴的角运动检测装置。利用其他原理制成的具有同样功能的角运动检测装置也称为陀螺仪。陀螺仪分为压电陀螺仪、微机械陀螺仪、光纤陀螺仪和激光陀螺仪，都是电子式的，可以和加速度计、磁阻芯片和导航系统做成惯性导航控制系统。图 4.17 为陀螺仪模块。

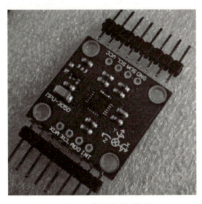
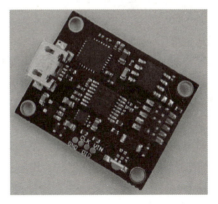

a) MPU305三轴陀螺仪模块　　　　　　b) LPMS-CURS2

图 4.17　陀螺仪模块

陀螺仪的原理：一个旋转物体的旋转轴所指的方向在不受外力影响时是不会改变的。人们根据这个道理，用它来保持方向。然后用多种方法读取轴所指示的方向，并自动将数据信号传给控制系统。骑自行车其实也是利用了这个原理，轮子转得越快越不容易倒，因为车轴有一股保持水平的力量。现代陀螺仪是可以精确地确定运动物体的方位的仪器，它是现代航空、航海、航天和国防工业中广泛使用的一种惯性导航仪器。传统的惯性陀螺仪主要指机械式的陀螺仪,而机械式的陀螺仪对工艺结构的要求很高。20 世纪 70 年代,现代光纤陀螺仪的基本设想被提出,到 20 世纪 80 年代以后,光纤陀螺仪得到了非常迅速的发展,激光谐振陀螺仪也有了很大的发展。光纤陀螺仪具有结构紧凑、灵敏度高和工作可靠的优点,在很多领域已经完全取代了机械式传统陀螺仪,成为现代导航仪器中的关键部件。和光纤陀螺仪同时发展的除了环式激光陀螺仪外,还有现代集成式的振动陀螺仪,该陀螺仪具有更高的集成度、体积更小,也是现代陀螺仪的一个重要的发展方向。

6. 电子罗盘

电子罗盘,又称数字罗盘,是在现代技术条件中广泛应用的导航仪器或姿态传感器。与传统指针式和平衡架结构罗盘相比,电子罗盘具有能耗低、体积小、重量轻、精度高和可微型化等优点,其输出信号通过处理可以实现数码显示,不仅可以用来指向,其数字信号还可直接送到自动舵,控制船舶的操纵。

电子罗盘广为使用的是三轴捷联磁阻式数字磁罗盘,它具有抗摇动和抗振性,航向精度较高,对干扰磁场有电子补偿,可以集成到控制回路中进行数据链接等优点,在航空、航天、机器人、航海和车辆自主导航等领域应用广泛。图 4.18 为倾斜补偿三维电子罗盘。

图 4.18　倾斜补偿三维电子罗盘

7. 导航系统

目前,全球存在着四大导航系统,即美国全球定位系统、欧盟"伽利略"系统、俄罗斯"格洛纳斯"系统和中国北斗卫星导航系统。美国全球定位系统(Global Positioning System,GPS)于 1994 年全面建成,具有在海、陆、空进行全方位实时三维导航与定位的功能,是最早投入使用的全球导航与定位系统。中国的北斗卫星导航系统(BeiDou Navigation Satellite System,BDS)是我国建成的开放兼容、技术先进、稳定可靠及覆盖全球的卫星导航系统。

卫星导航系统是一种以人造地球卫星为基础的高精度无线电导航的定位系统,能够为地球以及近地空间提供准确的地理位置、车行速度及精确的时间信息。卫星导航系统具有全天候、高精度、自动化和高效益等特点,被成功地应用于大地测量、工程测量、航空摄影测量、运载工具导航和管制、地壳运动监测、工程变形监测、资源勘察、地球动力学等多种学科。为了达到更高的定位精度,人们研究推出了差分技术。其中伪距差分技术可得到 m 级定位精度,而载波相位差分技术(又称 Real - Time Kinematic,RTK 技术)精度更高,可使定位精度达到 cm 级,大量应用于动态需要高精度位置的领域。

4.4.3　外部传感器

为了检测作业对象及环境或机器人与它们的关系,在机器人上安装了触觉传感器、视觉传感器、力觉传感器、接近觉传感器、超声波传感器和听觉传感器等外部传感器,大大改善了机器人的工作状况,使其能够更充分地完成复杂的工作。随着外部传感器的进一步完善,机器人的功能越来越强大,将在许多领域为人类做出更大贡献。

1. 触觉传感器

触觉能感知目标物体的表面性能和物理特性,如柔软性、硬度、弹性、粗糙度和导热性等。触觉研究从20世纪80年代初开始，到20世纪90年代初已取得了大量的成果，在机械手、智能假肢等方面应用广泛。触觉传感器是用于机器人中模仿触觉功能的传感器，用以判断机器人（主要指四肢）是否接触到外界物体或测量被接触物体的特征，按功能可分为接触觉传感器、力/力矩觉传感器、压觉传感器和滑觉传感器等。XELA Robotics 公司开发的 uSkin 高密度三轴触觉传感器如图 4.19 所示，具有小巧、轻薄、柔软、耐用和布线少等优点，可以轻松集成到新的和现有的机器人手和夹具中，提供了类似人的触觉，使它们能够精确地抓握和操纵物体。

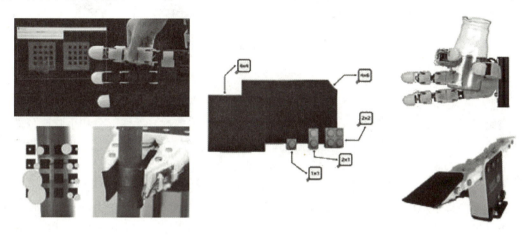

图 4.19　XELA Robotics 公司开发的 uSkin 高密度三轴触觉传感器

滑觉传感器用于判断和测量机器人抓握或搬运物体时物体所产生的滑移，主要应用于检测机械手手爪与被夹持物体之间相对滑动的装置，有利用光学系统的滑觉传感器和利用晶体接收器的滑觉传感器两种，其性能优劣直接决定了机械手能否顺利完成软抓取任务，是实现机器人智能作业的关键技术之一。按有无滑动方向检测功能分类，滑觉传感器可分为无方向性、单方向性和全方向性三类；按检测原理分类，主要有电容式、压阻式、磁敏式、光纤式和压电式等类型。图 4.20 为球式全方向性滑觉传感器。

2. 视觉传感器

视觉传感器是最重要和应用最广泛的一种机器人外传感器，是机器人观察和感知世界的重要

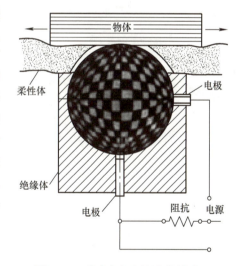

图 4.20　球式全方向性滑觉传感器

部件之一，如图 4.21 所示。传统的视觉传感器是利用光学元件和成像装置获取外部环境图像信息的仪器，主要由一个或者两个图像传感器组成，有时还要配以光投射器及其他辅助设备，以获取机器视觉系统要处理的原始图像。视觉传感器通常用图像分辨率来描述视觉传感器的性能，其精度不仅与分辨率有关，而且与被测物体的检测距离相关。被测物体距离越远，其绝对的位置精度越差。机器人需要安装光眼（可区别光亮和黑暗及鉴别颜色的视觉传感器）来获得区别光亮和黑暗以及鉴别颜色的能力。图像传感器有激光扫描器、线阵和

面阵 CCD 摄像机或者数字摄像机等多种类型。

图 4.21 视觉传感器

3. 力觉传感器

力觉传感器是用来检测机器人的手臂和手腕所产生的力或其所受反力的传感器,根据安装部位的不同可以分为关节力传感器、腕力传感器和指力传感器。手臂部分和手腕部分的力觉传感器,可用于控制机器人手所产生的力,在费力的工作中以及限制性、协调作业等方面,特别是在镶嵌类的装配工作中,力觉传感器非常重要。

关节力传感器经常安装于机器人关节处,通过检测弹性体变形来间接测量所受力。腕力传感器主要安装于腕关节处,六维腕力传感器可实现全力信息的测量。腕力传感器大部分采用应变电测原理,按其弹性体结构形式可分为两种,筒式和十字形腕力传感器。其中筒式具有结构简单、弹性梁利用率高和灵敏度高的特点;而十字形腕力传感器的结构简单、坐标建立容易,但加工精度高。图 4.22 为六维腕力传感器。

图 4.22 六维腕力传感器

4. 接近觉传感器

研究接近觉传感器的目的是使机器人在移动或操作过程中获知目标(障碍)物的接近程度,移动机器人可以实现避障,操作机器人可避免手爪对目标物由于接近速度过快而造成冲击。

(1) 接近开关

接近开关又称为无触点接近开关,是一种开关型传感器(即无触点开关),无须与运动部件进行机械直接接触就可以操作的位置开关,是理想的电子开关量传感器。当物体接近开关的感应面到动作距离时,不需要机械接触及施加任何压力即可使开关动作,并迅速发出电气指令,从而为控制器或装置提供控制指令,能够准确反映出运动机构的位置和行程。

接近开关既有行程开关、微动开关的特性,同时又具有传感性能,且动作可靠、性能稳定、频率响应快、应用寿命长、抗干扰能力强等,并具有防水、防振和耐腐蚀等特点。由于其在定位精度、操作频率、使用寿命、安装调整的方便性和对恶劣环境的适应能力方面具有优势，被广泛应用于机床、冶金、化工、轻纺和印刷等行业，在自动控制系统中可作为限位、计数、定位控制和自动保护环节等使用。

常见的接近开关有无源接近开关、涡流式（电感式）接近开关、电容式接近开关、霍尔式接近开关和光电式接近开关等。其外形类型有圆柱型、方型、沟型、穿孔（贯通）型和分离型等。图4.23为常见的接近开关。

光电开关是机器人中用的较多的接近开关，它是利用被检测物对光束的遮挡或反射，由同步回路接通电路，从而检测物体的有无。物体不限于金属，所有能反射光线（或者对光线有遮挡作用）的物体均可以被检测。

（2）超声波传感器

超声波传感器是将超声波信号转换成其他能量信号（通常是电信号）的传感器。超声波是指振动频率高于20kHz的机械波，具有频率高、波长短、方向性好和定向传播等特点，碰到分界面会产生反射形成回波，碰到活动物体能产生多普勒效应。超声波传感器广泛应用在物位（液位）监测、机器人防撞、各种超声波接近开关以及防盗报警等相关领域，在机器人领域多用来检测障碍物信息。图4.24为超声波传感器。

图4.23　常见的接近开关

图4.24　超声波传感器

5. 听觉传感器

听觉传感器是指能检测出声波（包括超声波）或声音，具有语音识别功能的传感器，是机器人实现"人—机"对话必不可少的部件。一台高级的机器人不仅能听懂人讲的话，而且能讲出人能听懂的语言，赋予机器人这些智慧的技术统称为语音处理技术，前者为语言识别技术，后者为语音合成技术。

（1）特定人的语音识别系统

特定人的语音识别方法是将事先指定的人的声音中的每一个字音的特征矩阵存储起来，形成一个标准模板（或叫模板），然后再进行匹配。首先，特定人的语音识别系统要记忆一个或几个语音特征，而且被指定人讲话的内容也必须是事先规定好的有限的几句话；然后该系统就可以识别讲话的人是否是事先指定的人，讲的是哪一句话。

（2）非特定人的语音识别系统

非特定人的语音识别系统大致可以分为语言识别系统、单词识别系统及数字音（0~9）识别系统。非特定人的语音识别方法需要对一组有代表性的人的语音进行训练，找出同一词音的共性，这种训练往往是开放式的，能对系统进行不断的修正。在系统工作时，将接收到的声音信号用同样的办法求出它们的特征矩阵，再与标准模式相比较，看它与哪个模板相同或相近，从而识别该信号的含义。

6. 红外线传感器

红外线传感器是利用红外线的物理性质来进行测量的传感器。任何物质，只要它本身具有一定的温度（高于绝对零度），都能辐射红外线。红外线传感器测量时不与被测物体直接接触，因而不存在摩擦，并且有灵敏度高、反应快等优点。

红外线传感器常用于无接触温度测量、火焰或人员探测、气体成分分析和无损探伤等，在医学、军事、空间技术和环境工程等领域被广泛应用。

7. 激光雷达

激光雷达（Laser Radar）是工作在红外和可见光波段的雷达，由激光发射系统、光学接收系统、转台和信息处理系统等组成，用以发射激光束探测目标的位置、速度等特征量。其工作原理是向目标发射探测信号（激光束），然后将接收到的从目标反射回来的信号（目标回波）与发射信号进行比较，做适当处理后就可获得目标的有关信息，如目标距离、方位、高度、速度、姿态甚至形状等参数，从而对目标进行探测、跟踪和识别。

根据扫描机构的不同，激光雷达有二维和三维两种，根据扫描线束的不同可分为单线激光雷达和多线激光雷达，在机器人定位与地图构建、障碍物检测等方面应用广泛。图 4.25 为激光雷达图片。

图 4.25　激光雷达

8. 毫米波雷达

毫米波雷达是工作在毫米波（Millimeter Wave）波段探测的雷达。通常，毫米波是指 30~300GHz 频域（波长为 1~10mm）的波，波长介于微波和厘米波之间，因此毫米波雷达兼有微波雷达和光电雷达的一些优点，穿透雾、烟和灰尘的能力强，具有全天候全天时的特点。图 4.26 为毫米波雷达实物图。

移动机器人主要应用毫米波雷达来探测前方障碍物情况，目前与激光雷达、超声波雷达一起，已成为车辆无人驾驶的标配。图 4.27 为无人驾驶汽车机载传感器示意图。

图 4.26 毫米波雷达实物图

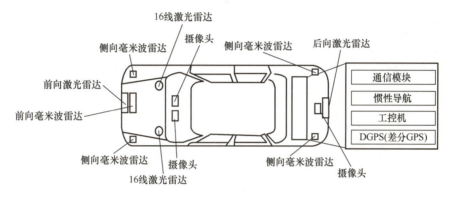

图 4.27 无人驾驶汽车机载传感器示意图

9. 嗅觉传感器

嗅觉传感器实质上是气敏传感器。人工嗅觉系统也称为电子鼻，是由多个性能彼此重叠的气体传感器和适当的模式分类方法组成的具有识别单一或复杂气味能力的装置，是一种化学气体传感器阵列的人工嗅觉装置，可模仿人的嗅觉系统。电子鼻已成功地应用于各种各样的应用中，包括食品质量检测、废水管理、测量、空气和水污染检测、保健和战争。若给智能手机装上电子鼻，就能有效检测有毒有害气体和空气指标，再也不用担心一氧化碳中毒了。图 4.28 为嗅觉传感器。

图 4.28 嗅觉传感器

4.5 本章总结

本章首先介绍了机器人的系统组成，然后介绍了几种典型的运动机构和驱动系统，最后介绍了机器人常用的传感器。

机器人是一个机电一体化的设备。机器人系统是由机器人和作业对象及环境共同构成的，包括机械系统、驱动系统、控制系统和感知系统四大部分。

　　机器人的运动机构受到自然界生物系统多种多样运动方式的启发，有很多种类，典型的有腿式行走机构、轮式行走机构和履带式行走机构。机器人中连接运动部分的机构称为关节，有移动、转动、滑动和球型等不同类型，相应的驱动方式也有所区别。机器人的驱动有直接驱动和间接驱动之分。根据驱动源的不同，机器人驱动系统可分为电动、液压、气压以及把它们结合起来应用的综合系统。

　　机器人传感器有多种分类方法，如接触式传感器或非接触式传感器，内部（置）传感器或外部（置）传感器，无源传感器或有源传感器等。机器人内部传感器主要包括位移（位置）传感器、速度和加速度传感器、力传感器以及应力传感器等。外部传感器主要包括触觉传感器、视觉传感器、力觉传感器、接近觉传感器、超声波传感器和听觉传感器等。

第 5 章 机器人软件系统

5.1 机器人编程语言与编程系统

5.1.1 机器人语言系统的结构

机器人语言实际上是一个语言系统,既包含语言本身——给出作业指示和动作指示,同时又包含处理系统——根据上述指示来控制机器人。机器人语言系统如图 5.1 所示,它能够支持机器人编程、控制以及与外围设备、传感器和机器人接口;同时还支持和计算机系统的通信。

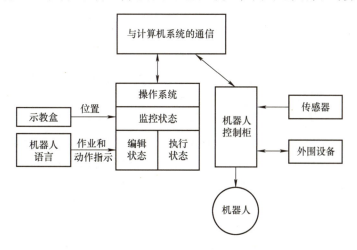

图 5.1 机器人语言系统

机器人语言系统包括监控状态、编辑状态和执行状态三个基本的操作状态。监控状态用来进行整个系统的监督控制。在监控状态下,操作者可以用示教盒定义机器人在空间的位置,设置机器人的运动速度,存储和调出程序等。编辑状态供操作者编制程序或编辑程序。尽管不同语言的编辑操作不同,但一般均包括写入指令、修改或删去指令以及插入指令等。执行状态用来执行机器人程序。在执行状态下,机器人执行程序的每一条指令,操作者可通过调试程序来修改错误。和计算机编程语言类似,机器人语言程序可以编译,即把机器人源程序转换成机器码,以便机器人控制柜能直接读取和执行;编译后的程序,运行速度会极大加快。

机器人语言的基本功能如下:

1) 计算,在作业过程中执行的规定运算能力是机器人控制系统最重要的能力之一。

2）决策，机器人系统能够根据传感器输入信息做出决策，而不必执行任何运算。

3）通信，机器人系统与操作者之间的通信能力，允许机器人要求操作人员提供信息、告诉操作者下一步该干什么，以及让操作者知道机器人打算干什么。

对机器人编程的基本要求如下：

1）能够建立世界模型。在进行机器人编程时，需要一种能描述物体在三维空间内运动的方法。物体的所有运动都以相对于基坐标系的工具坐标来描述。机器人语言应当具有对世界（环境）建模的功能。

2）能够描述机器人的作业。机器人作业的描述与其环境模型密切相关，现有的机器人语言需要给出作业顺序，由语法和词法定义输入语言并由它描述整个作业。

3）能够描述机器人的运动。用户能够运用语言中的运动语句与路径规划器和发生器连接，允许用户规定路径上的点及目标点，用户还可以控制运动速度或运动持续时间。

4）允许用户规定执行流程。同一般的计算机编程语言一样，机器人编程系统允许用户规定执行流程，包括试验和转移、循环、调用子程序以及中断等。

5）要有良好的编程环境。同任意一台计算机一样，一个好的编程环境有助于提高程序员的工作效率。

6）需要人机接口和综合传感信号。在编程和作业过程中，应便于人与机器人之间进行信息交换，以便能在运动出现故障时及时处理，确保安全。随着作业环境和作业内容复杂程度的增加，需要有功能强大的人机接口。

5.1.2 机器人编程语言

机器人编程语言种类丰富。每个生产商都会设计自己的机器人编程语言。因此，为了使用某一特定机器人，必须学习相关的语言。许多机器人编程语言是以常用语言，如 Cobol、BASIC、C 和 FORTRAN 为基础派生而来，也有一些机器人编程语言是经过特殊设计并与其他常用语言无直接联系。

机器人编程语言根据其设计和应用的不同有着不同的复杂性级别，其级别范围从机器级到人工智能级不等。高级语言的执行方式有两种，即解释方式和编译方式。

解释程序一次执行一条语句，并且每条语句有一个标号。每当遇到一条程序语句时，解释器对它进行翻译，即将这条语句转化为处理器能够理解并执行的机器语言，并依次执行每一条语句，一直执行到最后一条语句或发现错误为止。解释程序的优点是能够连续执行直到发现错误，这样用户就可以一部分一部分地执行并进行程序调试。这样，调试程序可以更快、更简便地执行。但由于要翻译每条程序，因此执行速度较慢且效率不高。许多机器人编程语言，如 Unimation 的 VAL、Adept 的 V*和 IBM 的 AML 都是基于解释方式执行的。

编译程序在程序执行前，通过编译器将整个程序编译成机器语言（生成目标代码）。由于处理器在程序执行时执行的是目标代码，因此程序执行得更快且效率更高。但由于必须编译整个程序，所以如果程序中某个地方存在错误，则程序不会执行，因此调试编译程序比较困难。有些语言（如 AL）比较灵活，允许用户用解释模式进行调试，用编译模式执行。

机器人编程语言有很多分类方法，根据作业描述水平的高低，通常可分为三级：

1. 动作级编程语言

动作级编程语言是以机器人的运动作为描述中心，通常由指挥机器人从一个位置到另一个位置的一系列命令组成。其每一个命令（指令）对应于一个动作。

动作级编程语言的代表是 VAL。它的语句比较简单,易于编程,缺点是不能进行复杂的数学运算,不能接收复杂的传感器信息,仅能接收开关型传感器的信号,与其他计算机的通信能力差。

动作级编程可分为关节级编程和终端执行器级编程。前者是一种在关节坐标系中工作的初级编程方法,其程序给出各关节位移的时间序列,可以用汇编语言、简单的编程指令实现,也可以通过示教盒示教或键入示教实现,多用于直角坐标型机器人和圆柱坐标机器人。后者是一种在作业空间内直角坐标系工作的编程方法。其程序给出机器人终端执行器的位姿和辅助机能的时间序列,包括力觉、触觉、视觉等机能以及作业量、作业工具的选定等。这种语言的指令由系统软件解释执行,可提供简单的条件分支,可应用子程序,并提供较强的感受处理功能和工具使用功能,具有并行功能。

2. 对象级编程语言

对象级编程语言解决了动作级编程语言的不足,它是描述操作物体间关系使机器人动作的语言。其典型的代表语言有 AML、AUTOPASS 等。

3. 任务级编程语言

任务级编程语言是比较高级的机器人语言,它允许用户对工作任务所要求达到的目标直接下命令,不需要规定机器人所做的每一个动作的细节,只要按照某种原则给出最初的环境模型和最终的工作状态,机器人可自动推理、计算,最终自动生成机器人的动作。美国普渡大学开发的机器人控制 C 程序库 RCCL 就是一种任务级编程语言,它使用 C 语言和一组 C 函数来控制机械手的运动,把工作任务与程序直接联系起来。

表 5.1 列举了主要的机器人编程语言。

表 5.1 主要的机器人编程语言

序号	语言名称	国家	研究单位	简要说明
1	AL	美国	斯坦福 AI 实验室 (Stanford AI Lab)	机器人动作及对象物描述
2	AUTOPASS	美国	IBM 沃森研究实验室 (IBM Watson Research Lab)	组装机器人用编程语言
3	LAMA – S	美国	MIT	高级机器人编程语言
4	VAL	美国	Unimation 公司	PUMA 机器人(采用 MC6800 和 LSI11 两级微型机)编程语言
5	ARIL	美国	AUTOMATIC 公司	用视觉传感器检查零件用的机器人编程语言
6	WAVE	美国	Stanford AI Lab	操作器控制符号语言
7	DIAL	美国	查尔斯·斯塔克·德雷珀实验室 (Charles Stark Draper Lab)	具有 RCC 柔顺性手腕控制的特殊指令
8	RPL	美国	斯坦福国际研究院 (Stanford RI Int.)	可与 Unimation 机器人操作程序结合预先定义程序库
9	TEACH	美国	本迪克斯公司 (Bendix Corporation)	适用于两臂协调动作,与 VAL 一样是使用范围广的语言
10	MCL	美国	麦克唐纳·道格拉斯公司 (Mc Donnell Douglas Corporation)	编程机器人、NC 机床传感器、摄像机及其控制的计算机综合制造用语言
11	INDA	美国 英国	SIR 国际和飞利浦 (SIR International and Philips)	相当于 RTL/2 编程语言的子集,处理系统使用方便
12	RAPT	英国	爱丁堡大学 (University of Edinburgh)	类似 NC 语言 APT(用 DEC20,LSI11/2 微型机)

5.2 机器人离线编程

机器人编程技术正在迅速发展，已成为机器人技术向智能化发展的关键技术之一，尤其是机器人离线编程系统。

5.2.1 机器人离线编程的特点和主要内容

机器人离线编程系统是机器人编程语言的拓展，它利用了计算机图形学的成果，建立起机器人及其工作环境的模型，再利用一些规划算法，通过对图形的控制和操作，在离线的情况下进行轨迹规划。机器人离线编程系统已被证明是一个有用的工具，用以增加安全性、减小机器人非工作时间和降低成本等。表5.2给出了两种机器人编程方法的对比。

表5.2 机器人在线示教编程和离线编程的对比

在线示教编程	离线编程
需要实际机器人系统和工作环境	需要机器人系统和工作环境的图形模型
编程时机器人停止工作	编程不影响机器人工作
在实际系统上试验程序	通过仿真试验程序
编程的质量取决于编程者的经验	可用CAD方法进行最佳轨迹规划
很难实现复杂的机器人运动轨迹	可实现复杂运动轨迹的编程

与在线示教编程相比，离线编程系统具有如下优点：

1）可减少机器人非工作时间，对下一个任务进行编程时，机器人仍可在生产线上工作。

2）使编程者远离危险的工作环境。

3）使用范围广，可以对各种机器人进行编程。

4）便于和CAD/CAM系统结合，做到CAD/CAM/机器人一体化。

5）可使用高级计算机编程语言对复杂任务进行编程。

6）便于修改机器人程序。

离线编程系统不仅是机器人实际应用的一个必要手段，也是开发和研究任务规划的有力工具。通过离线编程可建立起机器人与CAD/CAM之间的联系。设计离线编程系统时应考虑以下几方面的内容：

1）机器人工作过程的知识。

2）机器人和工作环境三维实体模型。

3）机器人几何学、运动学和动力学知识。

4）基于图形显示和进行机器人运动图形仿真的软件系统。

5）轨迹规划和检查算法，如检查机器人关节超限、检测碰撞和规划机器人在工作空间的运动轨迹等。

6）传感器的接口和仿真，利用传感器的信息进行决策和规划。

7）通信功能，进行从离线编程系统所生成的运动代码到各种机器人控制柜的通信。

8）用户接口，提供有效的人机界面，便于人工干预和进行系统的操作。

此外，由于离线编程系统的编程是采用机器人系统的图形模型来模拟机器人在实际环境中的工作进行的,因此,为了使编程结果能很好地符合实际情况,系统应能计算仿真模型和实际模型间的误差,并尽量减少这一差别。

5.2.2 机器人离线编程仿真系统 HOLPSS

1. HOLPSS 系统的结构

HOLPSS 系统包括机器人语言处理模块、运动学及规划模块、机器人及环境的三维构型模块、机器人运动仿真模块、通信模块、主控模块和传感器仿真模块等,其总体结构如图 5.2 所示。HOLPSS 系统采用的机器人语言类似于 VAL-Ⅱ。

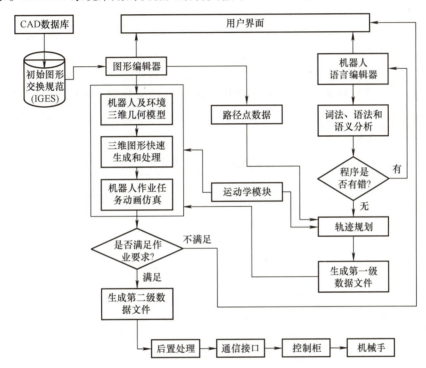

图 5.2 机器人离线编程仿真系统 HOLPSS 总体结构

HOLPSS 系统工作过程如下:

1)用系统提供的机器人语言,根据作业任务对机器人进行编程,所得程序由机器人语言处理模块进行处理,形成仿真所需的第一级数据。

2)对编程结果进行三维图形动态仿真,进行碰撞检测和可行性检测。

3)生成通信所需的代码,经过一定的后置处理后,将代码传到机器人控制柜,使机器人完成给定的任务。

2. HOLPSS 系统的功能

HOLPSS 系统的主要功能包括三维几何构型、运动动态仿真和动画、通信和后处理等,还集成了如机器人布局、自动规划、自动调度和作业仿真等功能。HOLPSS 系统的功能如下:

1)三维几何构型。

2)运动的动态仿真和动画技术。

3)通信及后置处理。

4）机器人作业总体布局。
5）避碰和路径优化。
6）协调运动的自动规划。
7）力控制系统的仿真。
8）自动调度。
9）误差和公差的自动评估。

5.3 机器人仿真软件

在机器人的科研和工业应用中，机器人仿真和编程技术发挥着无可替代的作用。它能够对机器人控制算法进行检验测试，也给机器人的研发和测试提供了一个无风险且稳定的平台。

目前，科研或商业领域都存在着多款开源或非开源的机器人仿真软件，如 V – REP、Gazebo、MORSE、OpenHRP、RoboDK、SimSpark、ARS、Webots 和 OpenRAVE 等，常用的机器人仿真软件比较见表 5.3。

表 5.3 常用的机器人仿真软件比较

名称	物理引擎	3D 建模	3D 渲染引擎	支持的 CAD 模型格式	平台支持	主要编程语言	外部 API（应用程序接口）
V – REP（CoppeliaSim）	ODE、Bullet、Vortex、Newton	内部	内部	OBJ、STL、DXF、3DS、Collada、URDF	Windows、MacOS、Linux	LUA	C/C++、Python、Java、Lua、MATLAB、Octave、Urbi
Gazebo	ODE、Bullet、Simbody、DART	内部	OGRE	SDF、URDF	Windows、MacOS、Linux	C++	C++
MORSE	Bullet	Blender	Blender 游戏引擎	无	Linux、BSD*、MacOS X	Python	Python
OpenHRP	ODE、内部	内部	Java3D	VRML	Windows、Linux	C++	C/C++、Python、MATLAB
RoboDK	无	内部	OpenGL	STEP、IGES、STL、WRML	Windows、MacOS X、Linux、Android	Python	C/C++、Python、MATLAB
SimSpark	ODE	无	内部	Ruby 的场景图	Windows、MacOS X、Linux	C++、Ruby	Network（sexpr）
ARS	ODE	无	VTK	无	Windows、MacOS X、Linux	Python	无
Webots	定制的 ODE	内部	OGRE	WBT、VRML	Windows、MacOS X、Linux	C++	C/C++、Python、Java、MATLAB

机器人仿真软件的选用需要从物理逼真度（物理环境的条件、特征逼近真实环境的程度）、功能逼真度（软件仿真进行时机器人的行为逼近实际情况中机器人执行任务的程度）、编程语言及扩展性、平台支持、费用成本和开发成本等多方面因素去考虑。

5.3.1 MATLAB/Simulink 机器人工具箱

MATLAB/Simulink 机器人工具箱是澳大利亚昆士兰科技大学教授 Peter Corke 开发的基于 MATLAB 的机器人建模、仿真等工具箱，极大地简化了机器人学初学者的代码量，使学习者可以将注意力放在算法应用上，而不是基础而烦琐的底层建模上。

机器人工具箱提供了许多对经典手臂型机器人的研究和仿真有用的功能，如运动学、动力学和轨迹生成。工具箱包含函数和类，用于将二维和三维中的方向和姿势表示为矩阵、四元数、绕任意向量旋转、三角度或矩阵指数形式。工具箱还提供了用于在数据类型之间进行操作和转换的函数。

工具箱使用一种非常通用的方法将串联机器人的运动学和动力学表示为 MATLAB 对象。用户可以为任意串联机器人创建机器人对象。工具箱还支持移动机器人，具有机器人运动模型、路径规划算法、动态规划、定位、地图构建和即时定位等功能。

该工具箱的特点如下：
1）代码成熟。
2）例程的编写简单易懂。
3）可获取源代码。

5.3.2 CoppeliaSim

CoppeliaSim 是一个开源的机器人仿真软件，4.0 版本之前的名称为 V – REP（Virtual Robot Experimentation Platform）。它具有机器人 3D 集成开发环境，能够创建、组成虚拟机器人并进行仿真。V – REP 自带许多机器人模型，从人形机器人、机械臂到各种轮式和足式机器人，并且还自带可供初学者使用的 Demo（演示）程序，非常适合初学者使用。

具有集成开发环境的机器人模拟器 CoppeliaSim 采用分布式控制架构，每个对象/模型都可以通过嵌入式脚本、插件、远程客户端或自定义解决方案等进行单独控制。控制器可以用 C/C++、Python、Java、Lua、MATLAB 或 Octave 等语言编写。CoppeliaSim 应用于快速算法开发、工厂自动化模拟、快速原型和验证、机器人相关教育、远程监控、安全双重检查和数字孪生等。

CoppeliaSim 主要特点如下：
1）跨平台（Windows、MacOS、Linux）。
2）强大的应用程序接口功能，超过 400 种不同的应用编程接口函数。
3）定制化的用户界面。
4）全交互功能，在模拟过程中也可以进行完整的交互。

5.3.3 Gazebo

Gazebo 是一款机器人 3D 动力学仿真软件，最初的创造者是南加州大学（University of Southern California）的安德鲁·霍华德博士和他的学生内特·科尼格。Gazebo 能够准确和有效地模拟复杂的室内和室外环境中的机器人群体。虽然类似于游戏引擎，Gazebo 能够提供更高保真度的物理仿真。除此之外，Gazebo 还提供了一系列的传感器，以及针对用户和程序的接口。

Gazebo 的典型应用包括测试机器人算法、设计机器人以及完成实际场景下的回归测试。

Gazebo 的主要特点如下：
1）动力学仿真支持多个物理引擎。
2）可为机器人、传感器和环境控制开发自定义插件。
3）丰富的机器人模型和环境库，提供了许多机器人，用户也可以构建自己的机器人。
4）可在远程服务器上运行模拟。
5）云仿真，通过浏览器与模拟进行交互。

5.4 机器人操作系统

近年来，机器人领域发展迅速。性价比较高的机器人平台，包括地面移动机器人、旋翼无人机和类人机器人等，得到了广泛应用，越来越多的高级智能算法让机器人的自主等级逐步提高。尽管如此，对于机器人软件开发人员来说，仍然存在着诸多挑战。例如，智能机器人研发面临功能复杂、硬件厂家众多、算法应用场景庞杂、软硬件标准不统一等问题。

随着机器人领域的快速发展和复杂化，代码复用和模块化的需求日益强烈，已有的开源系统已不能很好地适应需求，亟待统一的软件平台以帮助开发者提高机器人软件的开发效率。2008 年斯坦福大学人工智能实验室（Stanford Artificial Intelligence Robot，STAIR）与机器人技术公司 Willow Garage 合作开发了这样的软件平台，并于 2010 年发布了开源机器人操作系统，即 Robot Operating System，缩写为 ROS。该项目研发的 PR2 机器人在 ROS 框架的基础上可以实现打台球、插插座和做早饭等功能。图 5.3 为 PR2 机器人。

图 5.3 PR2 机器人

ROS 是一个适用于机器人的开源的元操作系统，是一种用于编写机器人软件程序的具有高度灵活性的软件架构，其宗旨是构建一个能够整合不同研究成果，实现算法发布、代码重用的通用机器人软件平台，提供了一系列程序库和工具以帮助软件开发者创建机器人应用软件，包含了大量工具软件、库代码和约定协议。同时，ROS 为异质计算机集群提供了类似操作系统的中间件，很多开源的运动规划、定位导航、仿真和感知等软件功能包使得这一平台的功能变得更加丰富，发展更加迅速。到目前为止，ROS 在机器人的感知、物体识别、脸部识别、姿势识别、运动、运动理解、结构与运动、立体视觉、控制、规划等多个领域都有相关应用。ROS 由通信机制、开发工具、应用功能和生态系统四个部分组成。

5.4.1 ROS 起源与发展历程

21 世纪开始，人工智能的研究进入了迅猛发展的阶段。斯坦福大学人工智能实验室发起了一个叫 Personal Robotics 的项目。该项目组创建了灵活、动态的软件系统原型，用于机器人技术。2007 年，机器人技术公司 Willow Garage 和该项目组合作，提供了大量资源进一步扩展了这些概念，经过具体的研究测试后，2009 年初推出了测试版 ROS0.4，确定了 ROS 系统框架的雏形。之后的版本才正式开启了 ROS 的发展之路。ROS1.0 版本发布于 2010 年，基于 PR2 机器人开发了一系列机器人相关的基础软件包。随后 ROS 版本迭代频繁，目前 ROS1 最新版本是 2020 年发布的 Noetic Ninjemys。表 5.4 为 ROS1 的发展历程。

表 5.4　ROS1 的发展历程

ROS1 版本	发布时间	图标
Noetic Ninjemys	2020.5	
Melodic Morenia	2018.5	
Lunar Loggerhead	2017.5	
Kinetic Kame	2016.5	
Jade Turtle	2015.5	
Indigo Igloo	2014.6	
Hydro Medusa	2013.9	
Groovy Galapagos	2012.12	
Fuerte Turtle	2012.4	
Electric Emys	2011.8	
Diamondback	2011.3	
C Turtle	2010.8	
Box Turtle	2010.3	

需要注意的是，ROS 虽然是一个适用于机器人的开源的元操作系统，但并非是 Windows、Mac 那样通常意义的操作系统，它只是连接了操作系统和开发者 ROS 应用程序，其底层的任务调度、编译和寻址等任务还是由 Linux 操作系统完成，也就是说 ROS 实际上是运行在 Linux 上的次级操作系统。但是 ROS 提供了操作系统应用的各种服务（如硬件抽象、底层设备控制、常用函数实现、进程间消息传递和软件包管理等），也提供了用于获取、编

译和跨平台运行代码的工具和函数。

ROS 目前主要在基于 Unix 的平台上运行。ROS 的软件主要在 Ubuntu 和 Mac OS X 系统上测试，通过 ROS Community 也支持 Fedora、Gentoo、Arch Linux 和其他 Linux 平台。同时，Microsoft Windows 端口的 ROS 已经实现，但并未完全开发完成。

值得注意的是，随着 ROS2 系统逐渐成熟，未来 ROS 的发展方向将转移到 ROS2，当前支持的版本是 2020 年 6 月发布的 Foxy Fitzroy、2021 年 5 月发布的 Galactic Geochelone 和 2022 年 5 月发布的 Humble Hawksbill。与 ROS1 相比，ROS2 在架构、API 和编译系统上都有所区别，参考资料相对缺乏，生态系统方面需要逐步完善。

5.4.2 ROS 主要特性

ROS 的运行架构是一种使用 ROS 通信模块实现模块间 P2P（点对点）的松耦合的网络连接的处理架构。它执行若干种类型的通信，包括基于服务的同步远程过程调用（RPC）通信、基于 Topic 的异步数据流通信，还有参数服务器上的数据存储。

为了支持实现算法发布、代码复用等分享协作功能，ROS 具有如下特点：

1. 分布式通信

ROS 是一个包括了一系列进程的系统。这些进程存在于许多不同的主机中，在运行过程中相互之间通过 end-topology 通信，通信机制如图 5.4 所示。ROS 将每个工作进程都看作是一个节点，使用节点管理器进行统一管理，并提供了一套消息传递机制，可以分散由计算机视觉和语音识别等功能带来的实时计算压力，能够适应多机器人相遇的挑战。分布式点对点的设计特点使机器人进程可以分别运行，便于模块化修改和定制，提高了系统的容错能力。

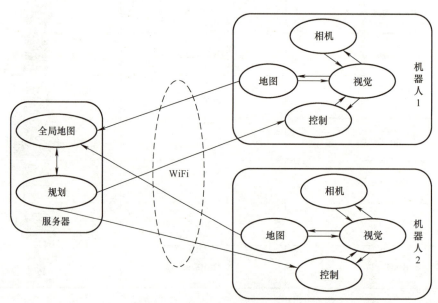

图 5.4　ROS 系统的 end-topology 通信机制

2. 语言独立性

ROS 支持多种编程语言。针对大部分程序员在程序设计过程中所习惯和擅长的语言不同，ROS 提供了一个语言中立框架，能够支持不同的计算机语言，如 C/C++、Python、Octave、

Java 以及其他一系列编程语言,如图 5.5 所示。为了支持交叉语言,ROS 利用简单、独立的接口定义语言去描述模块之间的消息传递。接口定义语言使用了简短的文本去描述每条消息的结构,同时也允许消息的合成。通俗的理解就是,ROS 的通信格式和用哪种编程语言来写无关,它使用的是自定义的一套通信接口。

图 5.5　ROS 支持的主要编程语言

3. 简便的代码复用

基于 ROS 建立的系统具有模块化的特点,各模块中的代码可以独立编译。ROS 已经将大多数复杂的代码封装在库里,并且创建了一些小的应用程序用来显示库的功能。ROS 允许对简单的代码超越原型进行移植和重新使用。

ROS 利用了很多已经存在的开源项目的代码,例如,从 Player 项目中借鉴了驱动、运动控制和仿真方面的代码,从 OpenCV 中借鉴了视觉算法方面的代码,从 OpenRAVE 中借鉴了规划算法的内容。在每一个实例中,ROS 都用来显示多种多样的配置选项以及和各种软件之间进行数据通信,也同时允许它们进行微小的包装和改动。ROS 可以不断地从社区维护中进行升级,包括从其他的软件库、应用补丁中升级 ROS 的源代码。

4. 精致的内核设计

管理复杂的 ROS 软件架构,设计者并不是通过构建一个庞大的开发和运行环境,而是利用了大量的小工具去编译和运行多种多样的 ROS 组件来设计系统内核。这些工具担任了各种各样的任务,例如,组织源代码的结构、获取和配置参数、形象化端对端的拓扑连接、测量频带使用宽度、生动的描绘信息数据,以及自动生成文档等。

5. 免费且开源的代码

ROS 所有的源代码都是公开发布的,这促进了 ROS 软件各层次的调试,可以不断地改正错误。ROS 具有一个庞大的社区 ROS WIKI。ROS WIKI 社区提供了英语、汉语、德语、西班牙语、法语、意大利语、韩语和日语等 15 种语言,还提供了世界各地的 ROS WIKI 镜像站点列表与链接,便于世界各地不同语言的开发者学习查阅。ROS WIKI 社区主要有 ROS、软件、机器人/硬件、出版物、课程和活动等内容版块。ROS WIKI 还专门设置了 ROS 中国版块,包括中文社区、国产机器人平台和 ROS 维基翻译等内容模块。

5.4.3　ROS 层次架构

从 ROS 系统代码的维护和分布来看,ROS 主要由 Main 和 Universe 两部分构成。Main 是 ROS 的核心部分,主要由 Willow Garage 公司和一些开发者设计、提供和维护。它提供了一些分布式计算的基本工具和编写整个 ROS 核心部分的程序。Universe 主要是指全球范围的代码，由不同国家的 ROS 社区组织开发和维护，包括库代码、功能级代码和应用级代码。库代码是基础的，如 OpenCV、PCL 等。功能级代码是从功能角度提供的代码，如人脸识别，它们通过调用下层的库来实现其功能。应用级代码是最上层，让机器人完成某一确定功能。

一般来说，ROS 主要分为计算图级、文件系统级和社区级。

1. 计算图级（ROS Computation Graph Level）

计算图级是 ROS 处理数据的一种点对点的网络形式。程序运行时，所有进程以及所进行的数据处理，将会通过一种点对点的网络形式表现出来。计算图级理解 ROS 架构如图 5.6 所示。

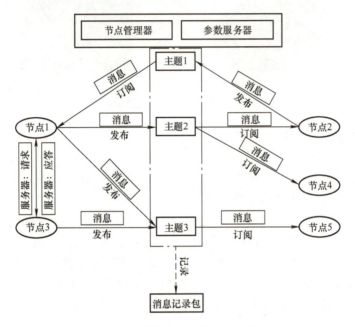

图 5.6　计算图级理解 ROS 架构

计算图级主要包括节点、消息、主题和服务等几个重要概念。

（1）节点（node）

节点，又称为软件模块，就是一些执行运算任务的进程。ROS 具有的规模可增长特性是利用代码模块化来实现的。一个典型的系统就是由很多节点组成的，例如，一个节点控制激光测距仪，一个节点控制电动机，一个节点执行定位，一个节点执行路径规划，一个节点提供系统图形界面等。使用节点使得基于 ROS 的系统在运行时更加形象化。节点都是各自独立的可执行文件，能够通过主题、服务或参数服务器与其他节点通信。ROS 通过使用节点将代码和功能解耦，提高了系统的容错力和可维护性。当许多节点同时运行时，可以很方便地将端对端的通信绘制成一个图表。在这个图表中，节点就是图中的节点，而端对端的连接关系就是其中的弧线连接。

（2）消息（message）

节点之间的通信是通过传送消息进行的。每一个消息都是一个严格的数据结构，包含一个节点发给其他节点的信息数据。这个数据结构支持标准的数据类型，如整型、浮点型和布尔型等，也支持这些类型所组成的数组类型，以及包含任意数据类型的嵌套结构和数组，类似于 C 语言的结构体。

（3）主题（topic）

主题是指消息以一种发布（publish）/订阅（subscribe）的方式传递。每个消息都必须发布到相应的主题，通过主题来实现在 ROS 计算图网络中的路由转发。一个节点可以在一个给定的主题中发布消息，也可以关注、订阅某个主题特定类型的数据。可能同时有多个节点发布或者订阅同一个主题的消息，发布者和订阅者不需要知道彼此的存在，保证了发布者节点与订阅者节点之间的解耦合。

（4）服务（service）

尽管基于主题的发布/订阅模型是很灵活的通信模式，但它广播式的路由模式并不适合于可简化节点设计的同步传输模式。在一些特殊场合，节点间需要点对点的高效率通信并及时获取应答，就需要用服务的方式进行交互。提供服务的节点叫服务端，向服务端发起请求并等待响应的节点叫客户端，客户端发起一次请求并得到服务端的一次响应，就完成了一次服务通信过程。在 ROS 中，一个服务由一个字符串和一对严格规范的消息定义，一个用于请求，另一个用于回应。这类似于 Web 服务器，由 URIS 定义，同时带有完整定义类型的请求和回复文档。需要注意的是，一个节点可以以任意独有的名字广播一个服务，只有一个服务可以称为分类象征，例如，任意一个给定的 URL 地址只能有一个 Web 服务器。

（5）节点管理器（master）

节点管理器用于节点的名称注册和查找等，也负责设置节点间的通信。如果整个 ROS 中没有节点管理器，就不会有节点、消息和服务之间的通信。由于 ROS 本身就是一个分布式的网络系统，所以可以在某台计算机上运行节点管理器，在这台计算机和其他计算机上运行节点。

（6）参数服务器（parameter server）

参数服务器能够使数据通过关键词存储在一个系统的核心位置。通过使用参数，就能够在节点运行时动态配置节点或改变节点的工作任务。参数服务器是可通过网络访问的共享的多变量字典，节点使用此服务器来存储和检索运行时的参数。

（7）消息记录包（bag）

消息记录包是一种用于保存和回放 ROS 消息数据的文件格式，是一种用于存储数据的重要机制，它可以帮助记录一些难以收集的传感器数据，然后通过反复回放数据进行算法的性能开发和测试。

2. 文件系统级

ROS 文件系统级指的是在硬盘上面查看的 ROS 源代码的组织形式。ROS 中有无数的节点、消息、服务、工具和库文件，需要有效的结构去管理这些代码。文件系统级理解 ROS 架构如图 5.7 所示。

ROS 文件系统级包括包和堆两个重要的概念。

（1）包（package）

ROS 的软件以包的方式组织起来。包由节点、ROS 依赖库、数据集、配置文件、第三方软件或者任何其他逻辑构成。包的目标是提供一种易于使用的结构，以便于软件的重复使用。

（2）堆（stack）

堆是包的集和，它提供了一个完整的功能，如"navigation stack"。堆与版本号关联，同

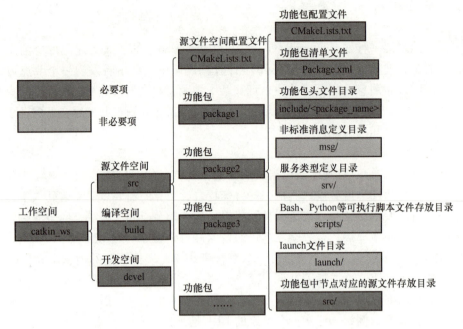

图 5.7　文件系统级理解 ROS 架构

时也是如何发行 ROS 软件方式的关键。

ROS 是一种分布式处理框架，这使可执行文件能被单独设计，并且在运行时松散耦合。这些过程可以封装到包和堆中，以便于分享和分发。

3. 社区级

ROS 的社区级概念是在 ROS 网络上进行代码发布的一种表现形式。这种从文件系统级到社区级的设计让不同开发者独立地发展和实施工作成为可能。正是因为这种分布式的结构，使得 ROS 迅速发展，软件仓库中的包的数量以指数级增加。从另一个角度看，ROS 的结构可以从设计思想、核心概念、核心模块和核心工具四个方面进行解读。

ROS 的设计思想主要是分布式架构，将机器人的功能和软件做成一个个节点，然后每个节点通过主题进行沟通，这些节点可以部署在同一台机器上，也可以部署在不同机器上，还可以部署在互联网上。

ROS 的核心概念主要是节点和用于节点间通信的主题与服务。管理器管理节点与主题之间通信的过程，并且还提供一个参数服务用于全局参数的配置。ROS 通过功能包集和功能包来组织代码。

ROS 的核心模块包括通信结构基础、机器人特性功能和工具集。通信结构基础主要是消息传递、记录回放消息、远程过程调用和分布式参数系统。机器人特性功能主要是标准机器人消息、机器人几何库、机器人描述语言、抢占式远程过程调用、诊断、位置估计和定位导航。工具集主要是命令式工具、可视化工具和图形化接口。

ROS 的核心工具很丰富。ROS 还拥有强大的第三方工具支持，如三维仿真环境 Gazebo、计算机视觉库 OpenCV、点云库 PCL、机械臂控制库 MoveIt、工业应用库 Industrial、机器人编程工具箱 MRPT 和实时控制库 Orocos 等。

5.5 本章总结

本章首先介绍了机器人语言系统的结构和编程语言、机器人离线编程的特点和主要内容，然后介绍了几种机器人仿真软件，最后讨论了机器人操作系统。

机器人软件系统是一个庞大的家族，包括机器人编程语言与编程系统、机器人仿真软件和机器人操作系统。

机器人语言实际上是一个语言系统，能够支持机器人编程、控制以及与外围设备、传感器和机器人接口，同时还支持和计算机系统的通信。机器人编程语言种类丰富，每个生产商都会设计自己的机器人编程语言。机器人离线编程系统是机器人编程语言的拓展，它通过对图形的控制和操作，在离线的情况下进行机器人控制的程序设计。

机器人仿真技术在机器人的科研和工业应用中发挥着无可替代的作用。它能够对机器人控制算法进行检验测试，也给机器人的研发和测试提供了一个无风险且稳定的平台。

机器人操作系统区别于 Windows 视窗操作系统和 Linux 操作系统，它是一种用于编写机器人软件程序的具有高度灵活性的软件架构，是一个整合不同研究成果、实现算法发布和代码复用的通用机器人软件平台，提供了一系列程序库和工具以帮助软件开发者创建机器人应用软件，包含了大量工具软件、库代码和约定协议。

第 6 章

智能机器人

6.1 智能机器人概述

机器人是集机械、电子、自动化、计算机、传感器、生物与人工智能等多学科及前沿技术于一体的高端装备。目前，工业机器人的结构趋于标准化、模块化，功能也越来越强大，在汽车制造、电子生产和食品加工等诸多领域得到了广泛应用。近年来，随着人工智能技术的发展，机器人已经从传统的工业应用跨越到更广泛的场景，以家政、娱乐和医疗等服务类为代表的智能机器人和应急救援、极限作业和军事等特殊行业的特种机器人越来越多地成为行业的关注热点，面向非结构化环境的服务机器人和特种机器人呈现出迅猛的发展态势。

人工智能与机器人之间存在着紧密的联系。前者是解决学习、感知、语言理解或逻辑推理等任务的，而要完成这些工作，就需要一个载体，机器人便承担了这个角色。机器人是可编程的机器，能够自主或半自主地执行需要的动作，而自主能力又离不开学习、感知和逻辑推理等智能理论和算法。机器人与人工智能相结合，由人工智能程序控制的机器人具有了自主规划和决策能力，称为智能机器人。图 6.1 为机器人、人工智能和智能机器人关系图。

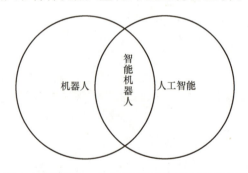

图 6.1 机器人、人工智能和智能机器人关系图

近几十年来，智能机器人发展迅速，代表性的成果有：1988 年日本东京电力公司研制的具有自动越障能力的巡检机器人；1994 年中科院沈阳自动化研究所研制的无缆水下机器人"探索者"；1999 年美国 Intuitive Surgical 公司研制的达芬奇手术机器人系统；2000 年日本本田技研公司的仿人机器人阿西莫（ASIMO）；2005 年美国波士顿动力（Boston Dynamics）公司研制的双足机器人 Atlas、四足机器人 Big Dog 和两轮人形机器人 Handle；2008 年深圳大疆研制的无人机，德国 Festo 研制的 SmartBird、机器蚂蚁和机器蝴蝶等；2015 年软银控股公司研制的情感机器人 Pepper 等，如图 6.2 所示。

新型智能机器人的重要发展方向之一就是让机器人成为人类的助手和伙伴，与人类或者其他机器人协作完成任务。为了使机器人更加全面精准地理解环境，就需要为机器人配置视觉、声觉、力觉和触觉等多种传感器与所处的环境进行交互，通过多传感器融合技术，使机器人可以在不确定的动态环境下完成复杂而精细的操作任务。一方面，要借助脑科学和类人

a) 无缆水下机器人"探索者"

b) 仿人机器人阿西莫(ASIMO)

c) SmartBird

d) 情感机器人Pepper

图 6.2 智能机器人代表性成果

认知计算方法，通过大数据处理技术和云计算，增加机器人的感知环境、理解和认知决策能力；另一方面，需要研制新型传感器和执行器，机器人通过作业环境、人与其他机器人的自然交互，自主适应动态环境，提高机器人的作业能力。日益兴起的虚拟现实技术和增强现实技术也已经应用于机器人中，与各种穿戴式传感技术相结合，采用人工智能方法来处理采集到的大量数据，可以让机器人具有自主学习人的操作技能、进行概念抽象和实现自主诊断等功能。无人驾驶技术正使得汽车不断机器人化，无人驾驶车辆正逐步成为现实。

6.2 人工智能技术在机器人中的应用

人工智能技术的应用提高了机器人的智能化程度，同时智能机器人的研究又促进了人工智能理论和技术的发展。智能机器人是人工智能技术的综合试验场，可以全面检验考察人工智能各个研究领域的技术发展状况。人工智能技术在智能机器人关键技术中的应用，包括智能感知技术、智能导航与规划技术、智能控制与操作技术和智能交互技术。

6.2.1 智能感知技术

智能感知技术是指将物理世界的信号通过摄像头、传声器或者其他传感器的硬件设备，借助语音识别、图像识别等前沿技术，映射到数字世界，再将这些数字信息进一步提升至可认知的层次，具有"感、知、联"一体化的功能，涉及数据采集、数据传输与信息处理等过程，涵盖信息采集、过滤、压缩和融合等环节。智能感知器和多传感器数据融合是智能感知技术的关键技术。智能感知器，本质上是传感器，为机器人提供了感觉，提升了机器人的智能，并为机器人的高精度智能化作业提供了基础。传感器是指能够感受被测量并按照一定规律变换成可用输出信号的器件或装置，是机器人获取信息的主要源头，类似人的"五官"。从仿生学的角度来看，如果把计算机看作处理和识别信息的"大脑"，把通信系统看作传递信息的"神经系统"，那么传感器就是"感觉器官"。图6.3为智能机器人感知系统。

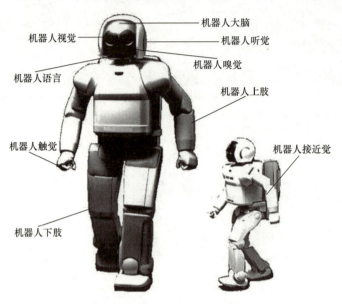

图6.3　智能机器人感知系统

传感技术是从环境中获取信息并对之进行处理、变换和识别的多学科交叉的现代科学与工程技术，涉及传感器的设计、开发、制造、测试、应用和评价以及相关的信息处理与识别技术等。传感器的功能与品质决定了传感系统获取环境信息的信息量和质量，是高品质传感技术系统构造的关键。信息处理包括信号的预处理、特征提取与选择和后置处理等。信息识别的主要任务是对经过处理的信息进行识别和分类，可利用被识别对象与特征信息间的关联关系模型对输入的特征信息集进行辨识、比较、分类和判断。

1. 视觉在机器人中的应用

人类获取信息的90%以上来自于视觉，因此，为机器人配备视觉系统是非常自然的想法。机器人视觉可以通过视觉传感器获取环境图像，并通过视觉处理系统进行分析和解释，进而转换为符号，让机器人能够辨识物体并确定其位置。其目的是使机器人拥有一双类似于人类的"眼睛"，从而获得丰富的环境信息，以此来辅助机器人完成作业。

在机器人视觉中，客观世界中的三维物体经由摄像机转变成二维的平面图像，再经图像处理器输出该物体的图像。通常机器人判断物体的位置和形状需要两类信息，即距离信息和明暗信息。毋庸置疑，作为物体的视觉信息，还应有色彩信息，但它对物体的位置和形状识别不如前两类信息重要。机器人视觉系统对光线的依赖性很大，往往需要良好的照明条件，以便使物体所形成的图像最为清晰，检测信息增强，从而克服阴影、低反差和镜反射等问题。

机器人视觉的应用包括为机器人的动作控制提供视觉反馈、移动式机器人的视觉导航以及代替或帮助人工进行质量控制、安全检查所需要的视觉检验。

2. 触觉在机器人中的应用

人类皮肤触觉感受器接触机械刺激产生的感觉，称为触觉。皮肤表面散布着触点，其大小不尽相同且分布不规则，一般情况下指腹最多，其次是头部，背部和小腿最少，所以指腹的触觉最灵敏，而小腿和背部的触觉则比较迟钝。若用纤细的毛发轻触皮肤表面，只有当某些特殊的点被触及时，人才能感受到触觉。触觉是人与外界环境直接接触时的重要感觉功能。

触觉传感器是机器人中用于模仿触觉功能的传感器。机器人中的触觉传感器主要包括触觉、压力觉、滑觉、接近觉和温度觉等，触觉传感器对于灵巧手的精细操作意义重大。在过去的几十年里，人们一直尝试用触觉感应器取代人体器官。然而，触觉感应器发送的信息非常复杂、高维，且在机械手中加入感应器并不会直接提高它们的抓物能力。人们需要研究的是能够把未处理的低级数据转变成高级信息从而提高抓物和控物能力的方法。

近年来，随着现代传感、控制和人工智能技术的发展，研究人员对包括灵巧手触觉传感器以及使用所采集的触觉信息结合不同的机器学习算法实现对抓取物体的检测与识别、抓取稳定性的分析等开展了研究。目前，人们主要通过机器学习中的聚类、分类等监督或无监督学习算法来实现触觉建模。

3. 听觉在机器人中的应用

人的耳朵同眼睛一样是重要的感觉器官，声波叩击耳膜，刺激听觉神经并产生神经冲动，之后传给大脑的听觉区形成人的听觉。

听觉传感器用来接收声波，显示声音的振动图像，但不能对噪声的强度进行测量，是一种可以检测、测量并显示声音波形的传感器，被广泛应用于日常生活、军事、医疗、工业、航海和航天等领域，并且成为机器人发展不能或缺的部分。在某些环境中，要求机器人能够测知声音的音调和响度、区分左右声源及判断声源的大致方位，甚至要求能与机器进行语音交流，使其具备"人-机"对话功能，自然语言与语音处理技术在其中起到重要作用。听觉传感器的存在，使机器人能更好地完成交互任务。

4. 机器学习在机器人多模态信息融合中的应用

随着传感器技术的迅速发展，各种不同模态（如视、听和触）的动态数据正在以前所未有的发展速度涌现。对于一个待描述的目标或场景，通过不同的方法或视角收集到的、耦合的数据样本就是一个多模态数据。通常把收集这些数据的每一种方法或视角称为一个模态。狭义的多模态信息通常关注感知特性不同的模态，而广义的多模态融合则还需要研究不同模态的联合内在结构、不同模态之间的相容与互斥和人-机融合的意图理解，以及多个同类型传感器的数据融合等。因此，多模态信息感知与融合这一问题与信号处理领域的"多源融合""多传感器融合"以及机器学习领域的"多视学习"或"多视融合"等有密切联系。机器人多模态信息感知与融合在智能机器人的应用中起着重要作用。

机器人系统上配置的传感器复杂多样，从摄像机到激光雷达，从听觉到触觉，从味觉到嗅觉，几乎所有传感器在机器人上都有应用。但限于任务的复杂性、成本和使用效率等因素，目前市场上的机器人采用最多的仍然是视觉和语音传感器，这两类模态一般独立处理（如视觉用于目标检测、听觉用于语音交互）。由于大多数机器人缺乏操作能力和物理人机交互能力，触觉传感器基本还没有应用。

对于机器人系统而言，所采集到的多模态数据存在如下共性问题：

1)"污染"的多模态数据：机器人的操作环境非常复杂，采集的数据通常具有很多噪声和野点。

2)"动态"的多模态数据:机器人总是在动态环境下工作,采集到的多模态数据必然具有复杂的动态特性。

3)"失配"的多模态数据:机器人携带的传感器工作频带、使用周期具有很大的差异,此外,这些传感器的观测视角、尺度也不同,从而导致各模态之间的数据难以"配对"。

这些问题给机器人多模态信息的融合感知带来了巨大挑战。为了实现多种不同模态信息的有机融合,需要为其建立统一的特征表示和关联匹配关系。

举例来说,当前对于操作任务而言,很多机器人都配备了视觉传感器。而在实际操作应用中,常规的视觉感知技术受到很多限制(如光照、遮挡等),物体的很多内在属性(如"软""硬"等)难以通过视觉传感器感知获取。对机器人而言,触觉也是获取环境信息的一种重要感知方式。与视觉不同,触觉传感器可直接测量对象和环境的多种性质特征,同时,触觉也是人类感知外部环境的一种基本模态。早在20世纪80年代,就有神经科学领域的学者在实验中麻醉志愿者的皮肤,验证了触觉感知在稳定抓取操作过程中的重要性。因此,为机器人增加触觉感知,不仅在一定程度上模拟了人类的感知与认知机制,而且符合实际操作应用的需求。

视觉传感器与触觉传感器采集的可能是物体不同部位的信息,前者是非接触式信息,后者是接触式信息,因此它们反映的物体特性具有明显差异,使视觉模态信息与触觉模态信息具有非常复杂的内在关联关系。现阶段很难通过人工机理分析的方法得到完整的关联信息表示,因此数据驱动的方法是目前比较有效的一种解决这类问题的途径。

如果说视觉目标识别是确定物体的名词属性(如"石头""木头"),那么触觉模态则特别适用于确定物体的形容词属性(如"坚硬""柔软")。"触觉形容词"已经成为触觉情感计算模型的有力工具。值得注意的是,对于特定目标而言,通常具有多个不同的触觉形容词属性,而不同的"触觉形容词"之间往往具有一定的关联关系,如"硬"和"软"一般不能同时出现,但"硬"和"坚实"却具有很强的关联性。

视觉与触觉模态信息具有显著的差异性。一方面,它们的获取难度不同。通常视觉模态比较容易获取,而触觉模态更加困难,这往往造成两种模态的数据量相差较大。另一方面,由于"所见非所摸",在采集过程中采集到的视觉信息和触觉信息往往不是针对同一部位的,具有很弱的"配对特性"。因此,视觉与触觉信息的融合感知具有极大的挑战性。

机器人是一个复杂的系统工程,开展机器人多模态融合感知需要综合考虑任务特性、环境特性和传感器特性。但目前机器人触觉感知方面的进展远远落后于视觉感知和听觉感知的进展。如何融合视觉模态、触觉模态与听觉模态的研究工作尽管在20世纪80年代就已开始,但一直进展缓慢。未来需要在视、听和触融合的认知机理、计算模型、数据集和应用系统上开展突破,综合解决信息表示、融合感知与学习的计算问题。

6.2.2 智能导航与规划技术

随着信息科学、计算机、人工智能及其现代控制等技术的发展,人们尝试采用智能导航与规划技术来解决机器人运行的安全问题,这既是作为机器人相关研究和开发的一项核心技术,同时也是机器人能够顺利完成各种服务和操作(如安保巡逻、物体抓取)的必要条件。

以专家系统与机器学习的应用为例介绍如下。

机器人导航与规划的安全问题一直是智能机器人面临的重大课题,针对受限条件下人为干预因素导致机器人自动化程度低等问题,在导航与规划上减少人的参与并逐步实现避碰自动化是解决人为因素的根本方法。自20世纪80年代以来,国内外在智能导航与规划技术方面取得了重大发展。实现智能导航的核心是实现自动避碰。为此,许多专家、学者从各个领域,尤其是结合人工智能技术的进步和发展,致力于解决机器人的智能避碰问题。机器人自动避碰系统由数据库、知识库、机器学习和推理机构成。

其中,位于机器人本体上的各类导航传感器收集本体及障碍物的运动信息,并将所收集的信息输入数据库。数据库主要存放来自机器人本体传感器和环境地图的信息以及推理过程中的中间结果等数据,供机器学习和推理机随时调用。

知识库主要包括机器人避碰规则、专家对避碰规则的理解和认识模块、根据机器人避碰行为和专家经验所推导的研究成果;机器人运动规划的基础知识和规则;实现避碰推理所需的算法及其结果;由各种产生式规则形成的若干个基本避碰知识模块等。避碰知识库是机器人自动避碰决策的核心部分,通过知识工程的处理将其转化成可用形式。所谓知识工程,即从专家和文献中选取有关特定领域的信息,并将其模型表示成所选定的知识形式。描述知识可以有很多种不同的形式,其主要优点在于它的积木性。在避碰局面的划分中,根据不同的会遇情况又有不同的避碰操纵划分。对每一划分的每一避碰规则划分,根据专家意见及机器人实际避碰规划规定具体的避碰规划方式,其根本目的是为推理机的推理提供充分和必需的知识。

机器学习的目的是使计算机能够自动获取知识。对于避碰这样一个动态、时变的过程,要求系统具有实时掌握目标动态变化的能力,这样依据知识而编制的避碰规划才会具有类似人的应变能力。所建造的智能导航与规划系统性能的好坏,关键取决于机器学习的质量,学习质量是通过学习的真实性、有效性和抽象层次等标准来衡量的。为提高智能导航与规划系统的性能,系统设计中采用算法作为学习的表示形式,采用归纳学习作为学习策略。方法选定以后,在推理机的控制下,决定从知识库中调用哪类算法进行计算、分析和判断,这样可以避免学习的盲目性、提高学习的有效性,而学习的真实性取决于算法对现实的反映程度。学习的抽象层次取决于对表示知识方式的选择,其中框架形式的表示是一种适应性强、概括性高、结构化良好、推理方式灵活可变、知识库与推理机成一体,又能把陈述性知识与过程性知识相结合的知识表示方法,有利于解决复杂问题,可以克服产生式避碰知识库的缺陷。

推理机的重要作用是确定如何对知识进行有效的使用并控制和协调各环节工作。在系统中采取知识库与推理机成一体的方式,可以保证推理机能够控制机器学习环节,使其学习具有针对性,而更重要的作用是可以决定系统如何来使用知识,可以说模仿人的思维过程是由推理机在控制机器获取现场知识与使用知识的推理过程中实现的。推理过程应用启发式搜索法,以保证推理结果的正确性、可行性以及搜索结果的唯一性。在这种启发式搜索控制下,避碰规划就在系统学习与推理的过程中产生和优化。

自动避碰的基本过程包括:

1) 确定机器人的静态和动态参数。机器人的静态参数包括机器人本体长、宽以及负载等;动态参数包括机器人的速度及方向、在全速情况下至停止所需时间及前进距离、在全速情况下至全速倒车所需时间及前进距离和机器人第一次避碰时机等。

2) 确定机器人本体与障碍物之间的相对位置参数。根据机器人本体的静态和动态参数及障碍物可靠信息(位置、速度、方位和距离等),确定机器人本体与障碍物之间的相对位置参数。这些相对位置参数包括相对速度、相对速度方向和相对方位等。

3）根据障碍物参数分析机器人本体的运动态势。判断哪些障碍物与机器人本体存在碰撞危险，并对危险目标进行识别，这种识别主要包括确定机器人与障碍物的会遇态势，根据机器人与障碍物会遇局面分析结果调用相应的知识模块来求解机器人避碰规划方式及目标避碰参数，并对避碰规划进行验证。此外，在自动避碰的整个过程中，要求系统不断监测所有环境的动态信息，不断核实障碍物的运动状态。

未来的机器人智能导航与规划系统将成为集导航（定位、避碰）、控制、监视和通信于一体的机器人综合管理系统，更加重视信息的集成。利用专家系统和来自雷达、GPS、罗经、计程仪等设备的导航信息，与来自其他传感器等测量的环境信息、机器人本体状态信息以及知识库中的其他静态信息，实现机器人运动规划的自动化（包括运行规划管理、运行轨迹的自动导航和自动避碰等），最终实现机器人从任务起点到任务终点的全自动化运行。

6.2.3 智能控制与操作

机器人的控制与操作包括运动控制和操作过程中的自主操作与遥操作。随着传感技术与人工智能技术的发展，智能控制与操作已成为机器人控制与操作的主流。

1. 神经网络在智能运动控制中的应用

在机器人运动控制方法中，比例积分微分（PID）控制、计算力矩控制（Computed Torque Control Method，CTM）、鲁棒控制（Robust Control Method，RCM）和自适应控制（Adaptive Control Method，ACM）等是几种比较经典的控制方法。然而，这几种方法都存在一些不足：PID控制实现虽然简单，但设计系统的动态性能不好；而CTM、RCM和ACM等方法虽然能给出很好的动态性能，但都需要机器人数学模型方面的知识。CTM方法要求机械手的数学模型精确已知，RCM要求已知系统的不确定性的界，而ACM则要求知道机械手的动力学结构形式。这些基于模型的机器人控制方法对缺少的传感器信息、未规划的事件和机器人作业环境中的不熟悉位置非常敏感。所以，传统的基于模型的机器人控制方法不能保证系统在复杂环境下的稳定性、鲁棒性和整个系统的动态性能。此外，这些控制方法不能积累经验和学习人的操作技能。为此，近二十年来，以神经网络、模糊逻辑和进化计算为代表的人工智能理论与方法开始应用于机器人控制。目前，机器人的智能控制方法包括定性反馈控制、模糊控制以及基于模型学习的稳定自适应控制等方法，采用的神经模糊系统包括线性参数化网络、多层网络和动态网络。机器人的智能学习因采用逼近系统，降低了对系统结构的需求，在未知动力学与控制设计之间建立了桥梁。

神经网络控制是基于人工神经网络的控制方法，具有学习能力和非线性映射能力，能够解决机器人复杂的系统控制问题。机器人控制系统中应用的神经网络有直接控制、自校正控制和并联控制等几种结构。

1）神经网络直接控制利用神经网络的学习能力，通过离线训练得到机器人的动力学抽象方程。当存在偏差时，网络就产生一个大小正好满足实际机器人动力特性的输出，以实现对机器人的控制。

2）神经网络自校正控制结构是以神经网络作为自校正控制系统的参数估计器，当系统模型参数发生变化时，神经网络对机器人动力学参数进行在线估计，再将估计参数送到控制器以实现对机器人的控制。由于该结构不必对系统模型简化为解耦的线性模型，且对系统参数的估计较为精确，因此其控制性能明显提升。

3）神经网络并联控制结构可分为前馈型和反馈型两种。前馈型神经网络学习机器人的逆动力特性,并给出控制驱动力矩与一个常规控制器前馈并联,实现对机器人的控制。当这一驱动力矩合适时,系统误差很小,常规控制器的控制作用较低;反之,常规控制器起主要控制作用。反馈型并联控制是在控制器实现控制的基础上,由神经网络根据要求的和实际的动态差异产生校正力矩,使机器人达到期望的动态。

2. 机器学习在机器人灵巧操作中的应用

随着先进制造、人工智能等技术的日益成熟,机器人研究的关注点也从传统的工业机器人逐渐转向应用更为广泛、智能化程度更高的服务型机器人。对于服务机器人,机械手臂系统能够完成各种灵巧操作是重要的基本任务之一,近年来一直受到国内外学术界的广泛关注。其研究重点包括让机器人能够在实际环境中自主智能地完成对目标物的抓取以及拿到物体后完成灵巧操作任务。这需要机器人能够智能地对形状、姿态多样的目标物体提取抓取特征、决策灵巧手抓取姿态及规划多自由度机械臂的运动轨迹以完成操作任务。

利用多指机械手完成抓取规划的解决方法大致可以分为分析法与经验法两类。分析法需要建立手指与物体的接触模型,根据抓取稳定性判据以及各手指关节的逆运动学,优化求解手腕的抓取姿态。由于抓取点搜索的盲目性以及逆运动学求解优化的困难,最近几十年来,经验法在机器人操作规划中获得了广泛关注并取得了巨大进展。经验法也称数据驱动法,它通过支持向量机(SVM)等监督或无监督机器学习方法,对大量抓取目标物的形状参数和灵巧手抓取姿态参数进行学习训练,得到抓取规划模型并泛化到对新物体的操作。在实际操作中,机器人利用学习到的抓取特征,由抓取规划模型分类或回归得到物体上合适的抓取部位与抓取姿态;然后,机械手通过视觉伺服等技术被引导到抓取点位置,完成目标物的抓取操作。近年来,深度学习在计算机视觉等方面取得了较大突破,深度卷积神经网络(CNN)被用于从图像中学习抓取特征且不依赖于专家知识,可以最大限度地利用图像信息,使计算效率得到提高,满足了机器人抓取操作的实时性要求。

与此同时,由于传统的多自由度机械臂运动轨迹规划方法[如五次多项式法、快速随机树(RRT)法等]较难满足服务机器人灵巧操作任务的多样性与复杂性要求,模仿学习与强化学习方法得到研究者的青睐。模仿学习是指机器人通过观察模仿来实现学习,它从示教者提供的范例中学习,其中范例一般是指人类专家的决策数据。每个决策包含状态和动作序列,将所有状态-动作对抽象出来构造新的集合之后,可以把状态作为特征,把动作作为标记进行分类(对离散动作)或回归(对于连续动作)学习,从而得到最优策略模型。模型的训练目标是使模型生产的状态-动作轨迹分布和输入的轨迹分布相匹配。通常需要深度神经网络来训练基于模仿学习的运动轨迹规划模型,而强化学习方法通过引入回报机制来学习机械臂运动轨迹。总之,机器学习及深度神经网络方法的快速发展,使智能服务机器人应对复杂变化环境的操作能力大大提升。

6.2.4 机器人智能交互

人机交互的目的在于实现人与机器人之间的沟通,消融两者之间的交流界限,使人们可以通过语言、表情、动作或者一些可穿戴设备实现人与机器人之间自由的信息交流与理解。随着机器人技术的发展,人机交互的方式在不断革新与发展。一方面,机器人技术的革新发展大大促进了人类生产生活方式的进步,在给人类提供极大便利的基础上极大地提高了工作效率;另一方面,人机交互的实现将人工智能与机器人技术有机结合,很好地促进了人工智能技术的发展,使越来越多的机器人更合理高效地服务于人类。

1. 基于可穿戴设备的人机交互

基于可穿戴设备的人机交互技术是普适计算的一部分。作为信息采集的工具，可穿戴设备是一类超微型、高精度和可穿戴的人机最佳融合的移动信息系统，直接穿戴在用户身上，可以与用户紧密地联系在一起，为人机交互带来更好的体验。基于可穿戴设备的人机交互由部署在可穿戴设备上的计算机系统实现，在用户佩戴好设备后，该系统会一直处于工作状态。基于设备自身的属性，该设备可主动感知用户当前的状态、需求以及外界环境，并且使用户对外界环境的感知能力得到增强。由于基于可穿戴设备的人机交互具有良好的体验，经过近几十年的发展，基于可穿戴设备的人机交互正逐渐扩展到各个领域。

在民用娱乐领域，基于全息影像技术，通过可穿戴设备实现了虚拟的人机交互。用户可以通过佩戴穿戴式头盔实现身处虚拟世界中的感觉，并可以在其中任意穿梭。2015年，微软推出的 HoloLens 眼镜使人们可以通过眼镜感受到其中的画面投射到现实中的效果。

在医疗领域，通过使用认知技术或脑信号来认知大脑的意图，实现观点挖掘与情感分析。如基于脑电信号信息交互的 Emotiv，可以通过对用户脑电信号的信息采集，实现对用户的情感识别，进而实现用意念进行实际环境下的人机交互，以此来帮助残障人表达自己的情感。

在科研领域，实现了面向可穿戴设备的视觉交互技术。在佩戴具有视觉功能的交互设备后，通过视觉感知技术来捕捉外界交互场景的信息，并结合上下文信息理解用户的交互意图，使用户在整个视觉处理过程中担当决策者，以此来面向可穿戴设备的视觉交互。

2. 基于深度网络的人机交互学习

人作为一个智能体，基于对外界的感知和认知，表现出人类运动、感知和认知能力的多样性与不确定性，因此需要建立以人为中心的人机交互模式，通过多种模态的融合感知来实现对人类活动的认识。为此，可以借助多种传感设备将多种模态下传递的信息整理融合，去理解人类的行为动作，包括一些习惯和爱好等，用以解决机器人操作的高效性、精确性与人类动作的模糊性、不稳定性的不一致问题，实现人机交互对人类行为动作认知的自然、高效和无障碍。

在人机智能交互中，对人类运动行为的识别和长期预测称为意图理解。机器人通过对动态情景充分理解，完成动态态势感知，理解并预测协作任务，实现人－机器人互适应自主协作功能。在人机协作中，作为服务对象，人处于整个协作过程的中心地位，其意图决定了机器人的响应行为。除了语言之外，行为是人表达意图的重要手段。因此，机器人需要对人的行为姿态进行理解和预测，继而理解人的意图。行为识别是指检测和分类给定数据流的人类动作，并估计人体关节点的位置，通过识别和预测的迭代修正得到具有语义的长期运动行为预测，从而达到意图理解的目的，为人机交互与协作提供充分的信息。早期，行为识别的研究对象是跑步、行走等简单行为，背景相对固定，行为识别的研究重点集中于设计表征人体运动的特征和描述符。随着深度学习技术的快速发展，现阶段行为识别所研究的行为种类已近上千种。近年来利用 Kinect 视觉深度传感器获取人体三维骨架信息的技术日渐成熟，根据三维骨骼点时空变化，利用长短时记忆的递归深度神经网络分类识别行为是解决该问题的有效方法之一。但是，目前在人机交互场景中，行为识别还主要是对整段输入数据进行处理，不能实时处理片段数据，能够直接应用于实际的人机交互算法还有待进一步研究。

当机器人意识到人需要它执行某一任务时，如接住水杯放到桌子上等，机器人将采取相应的动作完成任务需求。由于人与机器人交互中的安全问题的重要性，需要机器人实时规划出无碰撞的机械臂运动轨迹,比较有代表性的方法有利用图搜索的 RRT 算法、设置概率学碰撞模型的随机轨迹优化(STOMP)算法以及面向操作任务的动态运动基元表征等。近年来,利用强化学习的"试错"训练来学习运动规划的方法也得到关注,强化学习方法在学习复杂操作技能方面具有优越性,在交互式机器人智能轨迹规划中具有良好的应用前景。

6.3 智能机器人发展展望

当今机器人发展的特点可概况为三个方面:横向上,机器人应用面越来越宽,由 95% 的工业应用扩展到更多领域的非工业应用,像做手术、采摘水果、剪羊毛、巷道掘进、侦察和排雷,还有空间机器人、潜海机器人等,机器人的应用无限制,只要能想到的,就可以去创造实现;纵向上,机器人的种类越来越多,像进入人体的微型机器人已成为一个新方向;最后是机器人智能化得到加强,机器人更加聪明。机器人的发展史犹如人类的文明和进化史一样,在不断地向着更高级发展。

人类的运动技能经验可以从生活中不断获取、学习并逐渐内化为自身掌握的技能。人类可以通过不断的学习来增加自己所掌握的技能,并将所学技能存储于自己的记忆中,在面向任务执行时,可以基于已掌握的经验自主选择技能动作以完成任务,比如人类打球时会选择运球动作和投篮动作来实现最终的得分进球。在机器人研究领域,越来越多的关注投向了机器人学习领域,如何将人类的学习方法与过程应用于机器人的学习成为关注的焦点。

当前,我国已经进入了机器人产业化加速发展阶段。无论是在助老助残、医疗服务领域以及面向空间、深海和地下等危险作业环境,还是精密装配等高端制造领域,迫切需要提高机器人的工作环境感知和灵巧操作能力。随着云计算与物联网的发展,伴之而生的技术、理念和服务模式正在改变着人们的生活,作为全新的计算手段,也正在改变机器人的工作方式。机器人产业作为高新技术产业,应该充分利用云计算与物联网带来的变革,提高自身的智能与服务水平,从而增强我国在机器人领域的创新与发展。

无线网络和移动终端的普及使得机器人可以连接网络而不用考虑由于其自身运动和复杂任务而带来的网络布线困难,同时将多机器人网络互联为机器人协作提供了方便。云机器人系统充分利用了网络的泛在性,采用开源、开放和众包的开发策略,极大地扩展了早期的在线机器人和网络化机器人概念,提升了机器人的能力,扩展了机器人的应用领域,加速和简化了机器人系统的开发过程,降低了机器人的构造和使用成本。虽然现阶段研究工作才刚刚起步,但随着机器人无线传感、网络通信技术和云计算理论的进一步综合发展,云机器人的研究会逐步成熟化,并推动机器人应用向更廉价、更易用和更实用化发展,同时云机器人的研究成果还可以应用于更广泛的普适网络智能系统、智能物联网系统等领域。

尽管物联网技术发展迅速,但研究相对独立。在物联网领域中,现有的研究主要集中在智能化识别、定位、跟踪、实时监控和管理等方面,但其应用在很大程度上无法实现智能移动和自主操作。在服务机器人领域中,大多数研究工作集中于机器人自身能力的提升,但受硬件、软件及成本方面的限制,机器人本体的感知和智能发展到一定水平后,其进一步提升的技术难度将会成指数级增长。事实上,作为信息物理融合系统的具体实例,通过将物联网技术与服务机器人技术有效结合构建物联网机器人系统,能够突破物联网和服务机器人的各种研究瓶颈并实现两者的优势互补。一方面,由感知层、网络层和应用层构成的物联网能够为机器人提供全局感知和整体规划,弥补机器人感知范围和计算能力方面的缺陷。另一方面,机器人具有移动和操作能力，可作为物联网的执行机构，从而使其具备主动服务能力。总而言之，物联网机器人系统是物联网技术扩展自身功能的一个重要途径，同时也是机器人进入日常服务环境、提供高效智能服务的可行发展方向，尤其是在环境监控、突发事件应急处理和日常生活辅助等面积较大、动态性较强的复杂服务环境中具有重要的应用前景。

正因为物联网机器人系统所需要研究的内容及应用范围更加广泛，所以研究过程中面临的问题和挑战也更大。目前，物联网和服务机器人两者结合构建物联网机器人系统的研究刚刚起步，存在诸多亟待解决的问题，包括物联网机器人系统的体系结构、感知认知问题、复杂任务调度与规划以及系统标准的制定等。

在云计算、物联网环境下的机器人在开展认知学习的过程中必然面临大数据的机遇与挑战。大数据通过对海量数据的存取和统计、智能化分析和推理，并经过机器的深度学习后，可以有效推动机器人认知技术的发展；而云计算可以让机器人在云端随时处理海量数据。可见，云计算和大数据为智能机器人的发展提供了基础和动力。在云计算、物联网和大数据的大潮下，应该大力发展认知机器人技术。认知机器人是一种具有类似人类的高层认知能力，并能适应复杂环境、完成复杂任务的新一代机器人。基于认知的思想，一方面机器人能有效克服前述的多种缺点，智能水平进一步提高；另一方面使机器人具有同人类一样的脑-手功能，将人类从琐碎和危险环境的劳作中解放出来，这是人类一直追求的梦想。脑-手运动感知系统具有明确的功能映射关系，能从神经、行为和计算等多种角度深刻理解大脑神经运动系统的认知功能，揭示脑与手动作行为的协同关系，理解人类脑-手运动控制的本质，是当前探索大脑奥秘且有望取得突破的一个重要窗口，这些突破将为理解脑-手感觉运动系统的信息感知、编码以及脑区协同实现脑-手灵巧控制提供支撑。实际上，人手能够在动态不确定环境下完成各种高度复杂的灵巧操作任务，正是基于人的脑-手系统对视、触和力等多模态信息的感知、交互、融合以及在此基础上形成的学习与记忆。由此，将人类脑-手的协同认知机理应用于仿生手研究是新一代高智能机器人发展的趋势。

6.4 本章总结

智能机器人是机器人与人工智能相结合的产物，由人工智能程序控制的机器人具有了自主规划和决策能力。人工智能技术在机器人中的应用提高了机器人的智能化程度，同时智能机器人的研究又促进了人工智能理论和技术的发展。智能机器人是人工智能技术的综合试验场。

本章首先简要介绍了智能机器人的概念，然后论述了人工智能技术在智能机器人关键技术中的应用，最后展望了智能机器人的发展趋势。

第 7 章

人工智能概述

人工智能诞生于 1956 年，在之后的 60 多年发展历程中，经历了多次高潮和低谷，也取得了很大发展，尤其是 2006 年以来以深度学习为代表的机器学习算法在机器视觉和语音识别等领域取得的巨大成功，引起众多学科和不同专业背景的学者们以及各国政府和企业家的高度重视，围绕人工智能出台规划和政策，对人工智能核心技术、标准规范等进行部署，加快促进人工智能技术和产业发展。人工智能已逐渐发展成为具有日臻完善的理论基础、日益广泛的应用领域和广泛交叉的前沿学科，有力促进了其他学科的发展。图 7.1 为人工智能发展历程。

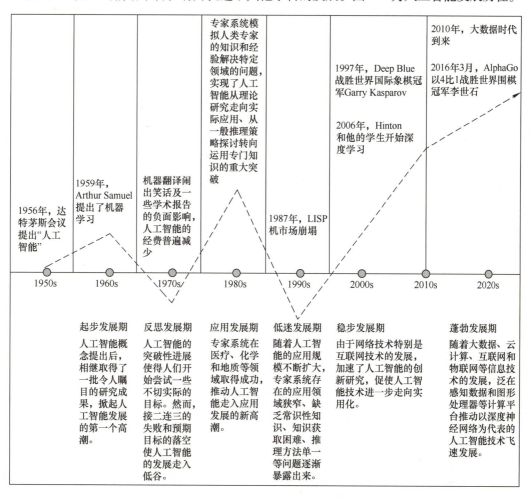

图 7.1　人工智能发展历程（摘自人工智能安全标准化白皮书（2019 版）

那么，什么是人工智能，如何理解人工智能，人工智能研究什么，人工智能的理论基础是什么，人工智能能够在哪些领域得到应用，人工智能与机器人之间是什么关系等，应该对此有所认识和了解。

7.1 人工智能的定义

在人们的生产生活中，人工往往表现出强大的生命力和社会需求，如人工运河、人造卫星、人造纤维、人工心脏、试管婴儿、人工授精或假肢等。这些都区别于自然或天然。

人工智能，英文名称为 Artificial Intelligence（AI），又称为机器智能或计算机智能。它所包含的"智能"是人为制造的或由机器或计算机表现出来的一种智能，本质上区别于自然智能，尤其是人类智能，是一种由人工手段模仿的人造智能。

人类的自然智能伴随着人类活动无时无刻无处不在，人类的许多活动，如下棋、竞技、解（算）题、猜谜语、进行讨论、编制计划或编写计算机程序，甚至驾驶汽车等都需要"智能"。如果机器能够执行这种任务，就可以认为机器已经具有某种性质的"人工智能"。不同科学或学科背景的学者对人工智能的理解不同，提出了许多不同的观点，如符号主义（Symbolism）、连接主义（Connectionism）和行为主义（Actionism），出现了逻辑学派（Logicism）、仿生学派（Bionicsism）和生理学派（Physiologism）。

人的智能是人类理解和学习事物的能力，或者说，智能是思考和理解的能力而不是本能做事的能力。另一种理解认为，智能是一种应用知识处理环境的能力或由目标准则衡量的抽象思考能力。机器智能是一种能够呈现出人类智能行为的机器，而这种智能行为是人类用大脑考虑问题或创造思想，或者是一种能够在不确定环境中执行各种拟人任务达到预期目标的机器。长期以来，人工智能研究者认为，人工智能（学科）是计算机科学中涉及研究、设计和应用智能机器的一个分支，它的近期主要目标在于研究用机器来模仿和执行人脑的某些智能功能，并开发相关理论和技术。近年来，许多人工智能和智能系统的研究者认为，人工智能（学科）是智能科学中涉及研究、设计及应用智能机器和智能系统的一个分支，而智能科学是一门与计算机科学并行的学科。人工智能是属于计算机科学还是智能科学，可能还需要一段时间探讨和实践。实践是检验真理的标准，实践将做出权威的回答。人工智能（能力）是智能机器所执行的通常与人类智能有关的智能行为，这些智能行为涉及学习、感知、思考、识别、判断、推理、证明、通信、设计、规划、行动和问题求解等活动。1950年，艾伦·图灵（Alan Turing）设计和进行的著名图灵实验，提出并部分回答了"机器能否思维"的问题，是对人工智能的一个很好解释。

关于人工智能的定义，研究学者给出了许多其他论述。豪格兰德（Haugeland, 1985）认为人工智能是一种使计算机能够思维，使机器具有智力的激动人心的新尝试。贝尔曼（Bellman, 1978）认为人工智能是那些与人的思维、决策、问题求解和学习等有关活动的自动化。查恩斯克和麦克德莫特（Charnisk & Mcdermott, 1985）认为人工智能是用计算模型研究智力行为。温斯顿（Winston, 1992）认为人工智能是研究那些使理解、推理和行为成为可能的计算。Kurzwell（1990）认为人工智能是一种能够执行需要人的智能的创造性机器的技术。1991年瑞克和奈特（Rick & Knight）提出人工智能是研究如何使计算机做事让人过得更好。2003年迪恩（Dean）、艾伦（Allen）和阿洛伊莫诺斯（Aloimonos）指出人工智能是研究和设计具有智能行为的计算机程序，以执行人或动物所具有的智能任务。

维基百科上定义"人工智能就是机器展现出的智能",即只要是某种机器,具有某种或某些"智能"的特征或表现,都应该算作"人工智能"。

大英百科全书则限定人工智能是数字计算机或者数字计算机控制的机器人在执行智能生物体才有的一些任务上的能力。

百度百科定义人工智能是研究开发能够模拟、延伸和扩展人类智能的理论、方法、技术及应用系统的一门新的技术科学。其研究目的是促使智能机器会听(语音识别、机器翻译等)、会看(图像识别、文字识别等)、会说(语音合成、人机对话等)、会思考(人机对弈、定理证明等)、会学习(机器学习、知识表示等)和会行动(机器人、自动驾驶汽车等)。

7.2 人工智能的起源与发展

现代人工智能的起源公认是 1956 年的达特茅斯会议。当时参会的专家有约翰·麦卡锡(John McCarthy,人工智能之父与 LISP 编程语言发明人)、马文·明斯基(Marvin Minsky,人工智能与认知学专家)、克劳德·香农(Claude Shannon,信息论的创始人)、艾伦·纽厄尔(Allen Newell,计算机科学家)和赫伯特·西蒙(Herbert Simon,诺贝尔经济学奖得主)等 10 名科学家,他们讨论了一个主题"用机器来模仿人类学习以及其他方面的智能",取得的最主要

图 7.2 会议 50 年后的 2006 年,当事人重聚达特茅斯
左起:摩尔,麦卡锡,明斯基,赛弗里奇,所罗门诺夫

的成就就是使人工智能成了一个独立的研究科学。人工智能的英文名称"Artificial Intelligence"就是在这个会议上提出的。会议 50 年后的 2006 年,当事人重聚达特茅斯,如图 7.2 所示。

人工智能的发展过程大致可分为孕育期(1956 年前)、起步发展期(1956—1970 年)、反思发展期(1966—1974 年)、应用发展期(1970—1988 年)和集成发展时期(1986 年至今)。需要指出的是,这种时期划分方法有时不够严谨,因为许多事件可能跨越了不同时期,有些事件虽时间相隔较远但又可能密切相关。

1. 孕育时期(1956 年前)

人类对智能机器和人工智能的梦想和追求可以追溯到 3000 多年前。我国西周时代就有巧匠偃师献给周穆王歌舞艺伎的故事。公元前 2 世纪的书籍中描述过一个具有类似机器人角色的机械化剧院。我国东汉时期张衡发明的指南车是世界上最早的机器人雏形。

对于人工智能的发展来说,20 世纪三四十年代的智能界,发生了两件最重要的事情,数理逻辑和关于计算的新思想。1948 年维纳(Wiener)创立的控制论(Cybernetics),对人工智能的早期思潮产生了重要影响,后来成为人工智能行为主义学派。

丘奇(Church)、图灵(Turning)和其他一些学者关于计算本质的思想,提供了形式推理概念与即将发明的计算机之间的联系,提出了关于计算和符号处理的理论概念。1943 年麦卡洛克(McCulloch)和皮茨(Pitts)提出"似脑机器"(Mindlike Machine),是世界上第

一个神经网络模型（称为MP模型），开创了从结构上研究人类大脑的新途径。神经网络连接机制，后来发展成为人工智能连接主义学派的代表。1950年，图灵在《计算机器与智能》中阐述了对人工智能的思考，提出了机器智能的重要测量手段——图灵测试，后来还衍生出了视觉图灵测试等测量方法。

在这一时期，人工智能开拓者们在数理逻辑、计算本质、控制论、信息论、自动机理论、神经网络模型和电子计算机等方面做出的创造性贡献，奠定了人工智能发展的基础理论，孕育了人工智能。

2. 起步发展期（1956—1970年）

1956年夏季，由年轻的美国数学家和计算机专家约翰·麦卡锡（John McCarthy）、数学家和神经学家马文·明斯基（Marvin Minsky）、IBM公司信息中心主任纳撒尼尔·朗彻斯特（Nathanial Lochester）以及贝尔实验室信息部数学家和信息学家克劳德·香农（Claude Shannon）共同发起，邀请IBM公司特伦查德·莫尔（Trenchard More）和亚瑟·塞缪尔（Arthur Samuel）、MIT的奥利弗·塞尔弗里奇（Oliver Selfridge）和雷·所罗门诺夫（Ray Solomonoff）、以及兰德公司和卡内基梅隆大学（CMU，当时还是卡内基理工学院）的艾伦·纽厄尔（Allen Newell）和赫伯特·西蒙（Herbert Simon）共10人，在美国的达特茅斯（Dartmouth）大学举办了一次长达2个月的10人研讨会，认真热烈地讨论了机器模拟人类智能的问题。这是人类历史上第一次人工智能研讨会，标志着人工智能学科的诞生。这些从事数学、心理学、信息论、计算机科学和神经学研究的杰出年轻学者，后来绝大多数成为了著名的人工智能专家，为人工智能的发展做出了重要贡献。

1959年，Arthur Samuel提出了机器学习，机器学习将传统的制造智能演化为通过学习能力来获取智能，推动人工智能进入了第一次繁荣期。巴贝奇（Babbage）、图灵、冯·诺伊曼（Von Neumann）和其他一些人所研制的计算机把这些不同思想连接起来。1965年专家系统和知识工程之父费根鲍姆（Feigenbaum）研究小组开始研究专家系统，并于1968年成功研究出第一个专家系统DENDRAL，后来又开发出其他一些专家系统，为人工智能的应用研究做出了开创性贡献。1969年召开的第一届国际人工智能联合会议（International Joint Conference on AI, IJCAI）标志着人工智能作为一门独立学科登上国际学术舞台。1970年《人工智能国际杂志》（International Journal of AI）创刊。这些事件对开展人工智能国际学术活动和交流、促进人工智能的研究和发展起到了积极作用。

至此，人工智能已经成为一门独立的学科，为人工智能建立了良好的环境，打下了进一步发展的重要基础。

3. 反思发展期（1966—1974年）

在经历了起步发展期之后，由于一些人工智能研究者对人工智能的未来发展和成果做出了过高的预言，这些预言的失败给人工智能的声誉造成了重大伤害。同时，许多人工智能理论和方法未能得到通用化和推广应用，专家系统也尚未获得广泛开发，人工智能的重要价值没有得到正确认识。科学技术的发展对人工智能提出了新的要求和挑战。当时的人工智能在知识、解法和结构三个主要方面存在局限性，再加上学术界对人工智能的本质、理论和应用一直抱有怀疑和批评，使人工智能研究在世界范围内陷入困境，转入低潮。

4. 应用发展期（1970—1988年）

20世纪70年代末期专家系统的出现，实现了人工智能从理论研究走向实际应用，从一般思维规律探索走向专门知识应用的重大突破，将人工智能的研究推向了新高潮。这一时期，专家系统和知识工程在全世界得到迅速发展。专家系统为企业用户赢得了巨大的经济效益。例如，成功应用的商用专家系统 R1，于 1982 年开始在美国数字装备集团（DEC）运行，到 1986 年每年为该公司节省 400 万美元。到 1988 年，DEC 的人工智能团队开发了 40 余个专家系统，杜珀公司上线了 100 余个专家系统，几乎每个美国大公司都拥有自己的人工智能小组，并应用专家系统或投资专家系统技术。在开发专家系统过程中，许多研究者达成共识，即人工智能系统是一个知识处理系统，知识表示、知识利用和知识获取是人工智能系统的三个基本问题。

在 20 世纪 80 年代，随着美国、日本立项支持人工智能研究，以及以知识工程为主导的机器学习方法的发展，出现了具有更强可视化效果的决策树模型和突破早期感知机局限的多层人工神经网络，由此带来了人工智能的又一次繁荣期。

与此同时，随着专家系统应用的不断深入，专家系统自身存在的知识获取难、知识领域窄、推理能力弱和实用性差等问题逐步暴露。受限于计算机技术难以模拟复杂度高及规模大的神经网络，1987 年专用 LISP 机器硬件销售市场崩塌，美国取消了人工智能的资助，日本第五代计算机项目也宣告失败并退出市场，人工智能研究进入长达数年的萧瑟期。

5. 集成发展时期（1986 年至今）

20 世纪 80 年代后期，各个争相进行的智能计算机研究计划先后遇到严峻挑战和困难，无法实现其预期目标，促使人工智能研究者对已有的人工智能和专家系统思想和方法进行反思。已有的专家系统存在缺乏常备知识、应用领域狭窄、知识获取困难、推理机制单一和未能分布处理等问题，反映出人工智能和知识工程的一些根本问题，如交互问题、扩展问题和体系问题等都没有得到很好解决。对这些问题的探讨和基本观点的争论有助于人工智能摆脱困境，迎来新的发展机遇。

20 世纪 80 年代后期以来，随着机器学习、计算智能、人工神经网络和行为主义等研究的深入开展，人工智能学派获得了新的发展。以数理逻辑为基础的符号主义在发展中不断寻找新的理论、方法和实现途径。许多模仿人的思维、自然特征和生物行为的计算方法，如神经计算、进化计算、自然计算、免疫计算和群计算等计算智能（Computional Intelligence，CI）被引入人工智能学科，弥补了传统 AI 缺乏数学理论和计算的不足，更新并丰富了人工智能的理论框架，使人工智能进入一个新的发展时期。

1997 年，IBM 深蓝（Deep Blue）战胜国际象棋世界冠军 Garry Kasparov。这是一次具有里程碑意义的成功，它代表了基于规则的人工智能的胜利。从 2010 年开始，人工智能进入爆发式的发展阶段，其最主要的驱动力是大数据时代的到来，运算能力及机器学习算法得到提高。2012 年，谷歌大脑通过模仿人类大脑，在没有人类指导的情况下，利用非监督深度学习方法从大量视频中成功学习到识别出一只猫的能力。2014 年，微软公司推出了一款实时口译系统，可以模仿说话者的声音并保留其口音，发布了个人智能助理微软小娜。同年，亚马逊发布智能音箱产品 Echo 和个人助手 Alexa。2016 年，谷歌 AlphaGo 机器人在围棋比赛中击败了世界冠军李世石，后又战胜了我国的围棋高手柯洁，产生了极大的社会轰动效应。2017 年，苹果公司在原来个人助理 Siri 的基础上推出了智能私人助理 Siri 和智能音响 HomePod。

特别值得一提的是神经网络的复兴和智能真体（Intelligent Agent）的突起。自 1943 年麦卡洛克和皮茨提出"似脑机器"以来，由于当时神经网络的局限性，人工神经网络研究在 20 世纪 70 年代进入低潮，布莱森（Bryson）和何毓琦（Yu-Chi Ho）提出的反向传播

（Backpropagation Algorithm，BP）算法和鲁梅尔哈特（Rumelhart）与麦克莱伦德（McClelland）提出的并行分布处理（Parallel Distributed Processing，PDP）理论推动人工神经网络再次出现研究热潮，直到霍普菲尔德（Hopfield）提出离散神经网络模型（1982 年）和连续神经网络模型（1984 年）促进了人工神经网络的复兴。当前神经网络的研究出现了 21 世纪以来的又一次高潮，特别是基于神经网络的机器学习获得了很大发展。近十余年来，深度学习（Deep Learning）的研究逐步深入，并已在自然语言处理和人机博弈等领域获得比较广泛的应用。智能真体，也称为智能主体，是 20 世纪 90 年代随着网络技术特别是计算机网络通信技术的发展而兴起并发展成为人工智能又一个新的研究热点。真体（Agent）是人工智能的一个核心问题，人工智能的目标就是要建造能够表现出一定智能行为的真体。人类智能的本质是一种具有社会性的智能，社会问题特别是复杂问题的解决需要各方面人员共同完成。人工智能，特别是比较复杂的人工智能问题的求解也必须要各个相关个体协商、协作和协调来完成。人类社会中的基本个体"人"对应于人工智能系统中的基本组元"真体"，而社会系统所对应的人工智能"多真体系统"也就成为人工智能新的研究对象。

产业的提质改造和产业升级，智能制造和服务民生的需求，促进了机器人学向智能化方向发展，机器人化的新热潮正在全球汹涌澎湃，席卷全世界。目前，世界各国都开始重视人工智能的发展。2017 年 6 月 29 日，第一届世界智能大会在天津召开，中国工程院院士潘云鹤在大会主论坛做了题为"中国新一代人工智能"的主题演讲，报告中概括了世界各国在人工智能研究方面的战略发展，智能机器人已成为人工智能研究与应用的一个蓬勃发展的新领域。

7.3　人工智能的三大学派

目前，人工智能的主要学派有符号主义、连接主义和行为主义。

1. 符号主义（Symbolicism）

符号主义，又称为逻辑主义（Logicism）、心理学派（Psycholgism）或计算机学派（Computerism），长期以来一直在人工智能中处于主导地位。其代表人物是马文·明斯基（Marvin Minsky）、西蒙（Simon）、纽厄尔（Newell）和尼尔逊（Nilsson），他们认为人工智能源于数理逻辑，其原理主要为物理符号系统假设和有限合理性原理，即只要在符号计算上实现了相应的功能，那么在现实世界就实现了对应的功能，这是智能的充要条件。符号主义的代表性成果为启发式程序 LT（逻辑理论家），认为只要在机器上是正确的，现实世界就是正确的，即指名对了，指物自然正确。

符号主义面临的现实挑战和发展瓶颈主要有三个。第一个是概念的组合爆炸问题。每个人掌握的基本概念大约有 5 万个，其形成的组合概念却是无穷的。第二个是命题的组合悖论问题。两个都是合理的命题，合起来就变成了无法判断真假的命题了，如著名的柯里悖论（Curry's Paradox）。第三个是经典概念在实际生活中是很难得到的，知识也难以提取。

2. 连接主义（Connectionism）

连接主义，又称为仿生学派（Bionicsism）或生理学派（Physiologism），早期的代表人物有沃伦·麦卡洛克（Warren McCulloch）、沃尔特·皮茨（Walter Pitts）和约翰·霍普菲尔德（John Hopfield）等。其原理主要是神经网络及神经网络间的连接机制与学习算法，认为人工智能源于仿生学，特别是对人脑模型的研究，认为大脑是一切智能的基础，主要关注大脑神经元及其连接机制,试图发现大脑的结构及其处理信息的机制以揭示人类智能的本质机理,进而在机器上实现相应的模拟。连接主义的代表性成果是 1943 年由生理学家麦卡洛克(McCulloch)和数理逻辑学家皮茨(Pitts)创立的脑模型,即 MP 模型,开创了用电子装置模仿人脑结构和功能的新途径。它从神经元的研究开始,进而研究神经网络模型和脑模型,开辟了人工智能的又一发展道路。20 世纪 60 年代至 20 世纪 70 年代,连接主义,尤其是对以感知机为代表的脑模型的研究出现过热潮,由于受到当时的理论模型、生物原型和技术条件的限制,脑模型研究在 20 世纪 70 年代后期至 20 世纪 80 年代初期落入低潮。直到 Hopfield 教授在 1982 年和 1984 年发表两篇重要论文,提出用硬件模拟神经网络以后,连接主义才又重新抬头。1986 年,鲁梅尔哈特(Rumelhart)等人提出多层网络中的反向传播(BP)算法。此后,连接主义势头大振,从模型到算法,从理论分析到工程实现,为神经网络计算机走向市场打下基础。现在,对人工神经网络(ANN)的研究热情仍然较高,但研究成果没有像预想的那样好。

到现在为止,人们并不清楚人脑表示概念的机制,也不清楚人脑中概念的具体表示形式、表示方式和组合方式等。目前的神经网络与深度学习实际上与人脑的真正机制距离尚远,并非人脑的运行机制。

3. 行为主义(Actionism)

行为主义,又称为进化主义(Evolutionism)或控制论学派(Cyberneticsism),其原理为控制论及感知-动作型控制系统,奠基人是 MIT 的维纳(Winer),认为人工智能源于控制论,早期代表作是布鲁克斯的六足行走机器人。行为主义是 20 世纪末才以人工智能新学派的面孔出现的,引起许多人的兴趣。

控制论思想早在 20 世纪 40 年代至 20 世纪 50 年代就成为时代思潮的重要部分,影响了早期的人工智能工作者。维纳(Wiener)和麦克洛克(McCulloch)等人提出的控制论和自组织系统以及钱学森等人提出的工程控制论和生物控制论,影响了许多领域。控制论把神经系统的工作原理与信息理论、控制理论、逻辑以及计算机联系起来。早期的研究工作重点是模拟人在控制过程中的智能行为和作用,如对自寻优、自适应、自镇定、自组织和自学习等控制论系统的研究,并进行"控制论动物"的研制。到 20 世纪 60 年代至 20 世纪 70 年代,上述这些控制论系统的研究取得一定进展,播下了智能控制和智能机器人的种子,并在 20 世纪 80 年代诞生了智能控制和智能机器人系统。

由此可知,人工智能各学派对于 AI 的基本理论问题有着不同的观点。符号主义认为人的认知单元是符号,认知过程即符号操作过程;认为人和计算机都是一个物理符号系统,能够用计算机模拟人的智能行为,即用计算机的符号操作来模拟人的认知过程;认为人工智能的研究方法应为功能模拟方法,力图用数学逻辑建立人工智能的统一理论体系。连接主义认为人的思维基元是神经元,而不是符号处理过程;认为人脑不同于计算机,主张人工智能应着重于结构模拟,即模拟人的生理神经网络结构,并认为功能、结构和智能行为是密切相关的。行为主义认为智能取决于感知和行动,提出智能行为的"感知-动作"模式;认为人工智能的研究方法应采用行为模拟方法。

机器人学是人工智能研究中日益受到重视的一个分支。一些并不复杂的动作控制问题,如移动机器人的机械动作控制问题,表面上看并不需要很多智能,人类几乎下意识就能完成这些任务,而由由机器人来实现时,就要求机器人具备在求解需要较多智能的问题时所用到的能力。

机器人和机器人学的研究促进了许多人工智能思想的发展。它所导致的一些技术可用来模拟世界的状态，用来描述从一种世界状态转变为另一种世界状态的过程。

智能机器人的研究和应用体现出广泛的学科交叉，涉及众多的课题，如机器人体系结构、机构、控制、智能、视觉、触觉、力觉、听觉、机器人装配、恶劣环境下的机器人以及机器人语言等。机器人已在各种工业、农业、商业、旅游业、空中和海洋以及国防等领域获得越来越普遍的应用。近年来，智能机器人的研发与应用已在世界范围内出现一个热潮，极大地推动了智能制造和智能服务等领域的发展。

7.4 机器学习

学习是人类具有的一种重要的智能行为。机器学习是人工智能发展到一定阶段的产物。其最初的研究动机是为了让计算机系统具有人的学习能力，以便于实现人工智能。机器学习至今还没有统一的定义，而且也很难给出一个公认准确的定义。按照人工智能大师西蒙（Simon）的观点，学习就是系统在不断重复的工作中对本身能力的增强或者改进，使得系统在下一次执行同样任务或类似任务时，会比现在做得更好或效率更高。顾名思义，机器学习是研究如何使用机器来模拟人类学习活动的一门学科，是研究机器模拟人类的学习活动、获取知识和技能的理论和方法，以改善系统性能的学科。机器学习领域奠基人之一、美国工程院院士米切尔（Mitchell）教授认为机器学习是计算机科学和统计学的交叉，同时也是人工智能和数据科学的核心。

机器学习（Machine Learning，ML）是一门涉及统计学、系统辨识、逼近理论、神经网络、优化理论、计算机科学和脑科学等诸多领域的交叉学科，研究计算机怎样模拟或实现人类的学习行为，以获取新的知识或技能，重新组织已有的知识结构使之不断改善自身的性能，是人工智能技术的核心。基于数据的机器学习是现代智能技术中的重要方法之一，研究从观测数据（样本）出发寻找规律，利用这些规律对未来数据或无法观测的数据进行预测。

7.4.1 机器学习发展史

机器学习的发展过程大体上可分为四个阶段。

1. 热烈期（20世纪50年代中叶至20世纪60年代中叶）

在这个时期，机器学习所研究的是"没有知识"的学习，即"无知"学习。其研究目标是各类自组织系统和自适应系统；其研究方法是不断修改系统的控制参数以改进系统的执行能力，不涉及与具体任务有关的知识。其理论基础是20世纪40年代出现的神经网络模型。随着电子计算机的产生和发展，机器学习的实现才成为可能。这个阶段的研究诞生了模式识别这门新学科，同时形成了机器学习的两种重要方法，即判别函数法和进化学习。塞缪尔的下棋程序就是使用判别函数法的典型例子。这个阶段脱离知识的感知型学习系统有很大的局限性。无论是神经模型、进化学习还是判别函数法，其学习结果很有限，远不能满足人们对机器学习系统的期望。我国研制的数字识别学习机是在这个阶段完成的。

2. 冷静期（20世纪60年代中叶至20世纪70年代中叶）

这个阶段的研究目标是模拟人类的概念学习过程，并采用逻辑结构或图结构作为机器内部描述，机器能够采用符号来描述概念，并提出关于学习概念的各种假设。其代表性工作是温斯顿（Winston）的结构学习系统和海斯·罗斯（Hayes Roth）等的基于逻辑的归纳学习系统。这类学习系统虽然取得了较大成功，但只能学习单一概念，且未能投入实际应用。神经网络学习机因理论缺陷未能达到预期效果，机器学习的研究转入低潮。

3. 复兴期（20 世纪 70 年代中叶至 20 世纪 80 年代中叶）

在这个阶段，人们从学习单个概念扩展到学习多个概念，探索不同的学习策略和各种学习方法。机器的学习过程一般都建立在大规模的知识库上，实现知识强化学习。本阶段开始把学习系统与各种应用结合起来并取得了很大的成功，促进了机器学习的发展。示例归约学习系统成为研究主流，自动知识获取成为机器学习的应用研究目标。1986 年，国际期刊《机器学习》（*Mchine Learning*）创刊，迎来了机器学习蓬勃发展的新时期。1980 年西蒙访华传播机器学习的火种后，我国的机器学习研究也出现了新局面。

4. 黄金期（1986 年至今）

在这个阶段，一方面由于神经网络研究重新兴起，对连接机制学习方法的演剧方兴未艾，机器学习的研究在世界范围内掀起了新高潮，对机器学习的基本理论和综合系统的演剧得到加强和发展；另一方面，实验研究和应用研究得到前所未有的重视。人工智能技术和计算机技术的快速发展，为机器学习提供了新的更强有力的研究手段和环境。符号学习由"无知"学习转向有专门领域知识的增长型学习。由于隐节点和反向传播算法的进展，神经网络使连接机制学习东山再起。基于生物进化论的进化学习系统和遗传算法，因吸取了归纳学习与连接机制学习的优点而受到重视。基于行为主义的增强（Reinforcement）学习系统因发展新算法和应用连接机制学习遗传算法的新成就而显示出新的生命力。1989 年瓦特金（Watkins）提出 Q 学习，促进了增强学习的深入研究。

知识发现和数据挖掘研究的蓬勃发展，为从计算机数据库和计算机网络提取有用信息和知识提供了新的方法，已成为 21 世纪机器学习的一个重要课题，并取得了许多有价值的研究和应用成果。机器学习面向数据分析与处理，以无监督学习、有监督学习和强化学习等为主要研究问题，提出和开发了一系列模型、方法和计算方法，如基于 SVM 的分类算法、高维空间中的稀疏学习模型等。我国的机器学习研究开始进入稳步发展和逐渐繁荣的新时期。

机器学习的另一个重要发展是深度学习的出现，多伦多大学的 Geoffrey Hinton 教授在深度学习技术上做出了突破。时至今日，已有多种深度学习框架，如深度神经网络、卷积神经网络和递归神经网络已被应用在计算机视觉、语音识别和自然语言处理等领域并取得了很好的效果。近年来，机器学习技术对工业界的重要影响多来自深度学习的发展，如无人驾驶、图像识别和机器视觉等。

根据学习模式、学习方法以及算法的不同，机器学习存在不同的分类方法。如根据学习模式可将机器学习分类为监督学习、无监督学习和弱监督学习等；根据学习方法可以将机器学习分为传统机器学习和深度学习。此外，机器学习的常见算法还包括迁移学习、主动学习和演化学习等。

7.4.2 监督学习

监督学习是机器学习中最重要的一类方法，占据了目前机器学习算法的绝大部分。监督学习是利用已标记的有限训练数据集，通过某种学习策略/方法建立一个模型，实现对新数据/实例的标记（分类）/映射。简单来说，监督学习就是在已知输入和输出的情况下训练出一个模型，将输入映射到输出。监督学习要求训练样本的分类标签已知，分类标签精确度越高，样本越具有代表性，学习模型的准确度越高。监督学习最典型的算法包括回归和分类，在自然语言处理、信息检索、文本挖掘、手写体辨识和垃圾邮件侦测等领域获得了广泛应用。

作为目前使用最广泛的机器学习算法，监督学习已经发展出了数以百计的不同算法。最为广泛使用的算法有支持向量机（Support Vector Machines）、神经网络算法（Neural Network Algorithm）、线性回归（Linear Regression）、逻辑回归（Logistic Regression）、朴素贝叶斯（Naive Bayes）、线性判别分析（Linear Discriminant Analysis）、决策树（Decision Trees）、K - 近邻（K - Nearest Neighbor Algorithm）和多层感知机（Multilayer Perceptron）。感兴趣的读者可以查阅机器学习相关书籍，学习这些算法的原理和应用。

7.4.3 无监督学习

顾名思义，无监督学习就是不需要监督的学习。与监督学习是建立在人类标注数据的基础上不同，无监督学习不需要人类进行数据标注，而是通过模型不断地自我认知、自我巩固，最后进行自我归纳来实现其学习过程。无监督学习是利用无标记的有限数据描述隐藏在未标记数据中的结构/规律，最典型的无监督学习算法包括单类密度估计、单类数据降维和聚类等。无监督学习不需要训练样本和人工标注数据，便于压缩数据存储、减少计算量和提升算法速度，还可以避免正、负样本偏移引起的分类错误问题。无监督学习主要用于经济预测、异常检测、数据挖掘、图像处理和模式识别等领域，如组织大型计算机集群、社交网络分析、市场分割和天文数据分析等。

同监督学习相比，无监督学习具有明显优势，其中最重要的是不再需要大量的标注数据。以深度学习为代表的机器学习模型往往需要在大型监督型数据集上进行训练，即每个样本都有一个对应的标签。而创建如此大规模的数据集需要花费大量的人力、物力和财力，同时也需要消耗大量的时间。无监督学习的模式更加接近人类的学习方式。

常用的无监督学习算法主要有主成分分析方法（PCA）、等距映射方法、局部线性嵌入方法、拉普拉斯特征映射方法、黑塞局部线性嵌入方法和局部切空间排列方法等。聚类是无监督学习的典型例子。聚类的目的在于把相似的东西聚在一起，而人们并不关心这一类是什么。因此，一个聚类算法通常只需要知道如何计算相似度就可以开始工作了。聚类算法一般有五种方法，最主要的是划分方法和层次方法两种。划分聚类算法通过优化评价函数把数据集分割为 K 个部分，它需要 K 作为输入参数。典型的分割聚类算法有 K - means 算法、K - medoids 算法和 CLARANS 算法。层次聚类由不同层次的分割聚类组成，层次之间的分割具有嵌套的关系。它不需要输入参数，这是它优于分割聚类算法的一个明显的优点，其缺点是终止条件必须具体指定。典型的分层聚类算法有 BIRCH 算法、DBSCAN 算法和 CURE 算法等。更多的无监督机器学习算法知识请读者参阅相关机器学习书籍进行学习。

7.4.4 弱监督学习

监督学习技术通过学习大量标记的训练样本来构建预测模型，在很多领域取得了巨大成功。但由于数据标注本身往往需要很高的成本，在很多任务上都很难获得全部真值标签。而无监督学习由于缺乏制定的标签，在实际应用中的性能往往存在很多的局限性。因此，许多学者提出了弱监督学习的概念。弱监督学习不仅可以降低人工标记的工作量，也可以引入人类的监督信息，在很大程度上提高了无监督学习的性能。

弱监督学习是相对于监督信息而言的。与监督信息不同，弱监督学习中的数据标签允许是不完全的,即训练集中有一部分数据是有标签的,其余甚至大部分数据是没有标签的;或者数据的监督信息是简洁的,也就是机器学习的信号不是直接指定给模型,而是通过一些引导信息间接传递给机器学习模型。弱监督学习涵盖的范围很广泛,只要样本标注信息是不完全、不确切或者不精确的标记学习都可以认为是弱监督学习。

常见的弱监督学习有半监督学习、迁移学习和强化学习等,已被广泛应用于自动控制、调度、金融和网络通信等领域。半监督学习的基本思想是利用数据分布上的模型假设建立学习器对未标签样例进行标签。从不同的学习场景看,半监督学习可分为半监督分类、半监督回归、半监督聚类和半监督降维四大类。迁移学习（Transfer Learning,TL）就是把已训练好的模型（预训练模型）参数迁移到新的模型来帮助新模型训练。考虑到大部分数据或任务都是存在相关性的,所以通过迁移学习人们可以将已经学到的模型参数（也可理解为模型学到的知识）通过某种方式来分享给新模型,从而加快并优化模型的学习效率,不用像大多数网络那样从零开始。迁移学习可以充分利用既有模型的知识,使机器学习模型在面临新的任务时只需要进行少量的微调即可完成相应的任务,具有重要的应用价值,在机器人控制、机器翻译、图像识别和人机交互等诸多领域获得了广泛应用。强化学习（Reinforcement Learning,RL）又称为再励学习、评价学习或增强学习,是机器学习的范式和方法论之一,用于描述和解决智能体（Agent）在与环境的交互过程中通过学习策略以达到回报最大化或实现特定目标的问题。强化学习是从动物学习、参数扰动自适应控制等理论发展而来,是智能体以"试错"的方式进行学习,通过与环境进行交互获得的奖赏指导行为,目标是使智能体获得最大的奖赏;强化学习中由环境提供的强化信号是对产生动作的好坏做一种评价,而不是告诉强化学习系统如何去产生正确的动作。按给定条件,强化学习可分为基于模式的强化学习（Model-Based RL）和无模式强化学习（Model-Free RL）,以及主动强化学习（Active RL）和被动强化学习（Passive RL）等。强化学习在认知、神经科学领域有着重要的研究价值,已经成为机器学习领域的新热点。

7.4.5 深度学习

进入 21 世纪以来,人类在机器学习领域取得了一些突破性进展,深度学习是机器学习研究的一个新方向,其算法不仅在机器学习中比较高效,而且在近几年的云计算、大数据并行处理研究中,其处理能力已在某些识别任务上达到了几乎与人类相媲美的水平。

深度学习源于对人工神经网络的进一步研究,通常采用包含多个隐含层的深层神经网络结构,具有如下优点:

1）采用非线性处理单元组成的多层结构,使得概念提取可以由简单到复杂。

2）每一层中非线性处理单元的构成方式取决于要解决的问题,每一层学习模式可根据需要调整为有监督学习或无监督学习,架构非常灵活,有利于根据实际需要调整学习策略,提高学习效率。

3）学习无标签数据优势明显。不少深度学习算法通常采用无监督学习方式来处理其他算法难以处理的无标签数据。

实际应用中,用于深度学习的层次结构通常由人工神经网络和复杂的概念公式几何组成。目前已有多种深度学习框架,如深度神经网络、卷积神经网络和深度概念网络等。常用的典型深度学习模型有自动编码器（Auto Encoder,AE）、稀疏编码（Sparse Coding,SE）、受限玻尔兹曼机（Restricted Boltzmann Machine,RBM）、卷积神经网络（Convolutional Neural Network,CNN)、堆栈自编码网络(Stacked Auto-Encoder Network,SAEN)和深信度网络(Deep Belief Networks,DBN)等。

目前,深度学习获得了日益广泛的应用,在计算机视觉、语音识别和自然语言处理等众多领域取得了良好的使用效果,且其应用领域还在不断扩展中,如图7.3所示。

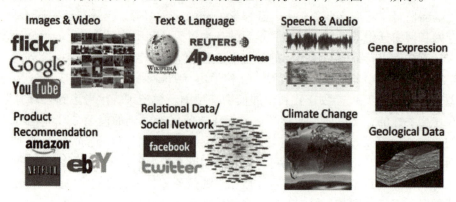

图7.3 深度学习的广泛应用领域

7.5 人工智能的发展趋势

经过60多年的发展,人工智能在算法、算力(计算能力)和算料(数据)"三算"方面取得了重要突破,正处于从"不能用"到"可以用"的技术拐点,但是距离"很好用"还有诸多瓶颈。在可以预见的未来,人工智能发展将会呈现出以下趋势与特征:

1. 技术平台开源化

开源的学习框架在人工智能领域的研发成绩显著,对深度学习领域影响巨大。开源的深度学习框架使得开发者可以直接使用已经研发成功的深度学习工具,减少了二次开发,提高了效率,促进了业界紧密合作和交流。各种开源深度学习框架层出不穷,其中包括TensorFlow、Caffe、Keras、CNTK、Torch7、MXNet、Leaf、Theano、DeepLearning4、Lasagne和Neon等。面对海量的数据处理、复杂的知识推理,常规的单机计算模式已经不能支撑。所以,计算模式必须将巨大的计算任务分成小的单机可以承受的计算任务,即云计算、边缘计算和大数据技术提供了基础的计算框架。目前流行的分布式计算框架有OpenStack、Hadoop、Storm、Spark、Samza和Bigflow等。

2. 专用智能向通用智能发展

如何实现从专用人工智能向通用人工智能的跨越式发展,既是下一代人工智能发展的必然趋势,也是研究与应用领域的重大挑战,众多感知、学习、推理和自然语言理解等方面的科学家参与其中。通用人工智能将人工智能与感知、知识、意识和直觉等人类的特征互相连接,减少了对领域知识的依赖性,提高了处理任务的普适性,消除了各领域之间的应用壁垒,是人工智能未来的发展方向。

3. 人工智能向人机混合智能发展

借鉴脑科学和认知科学的研究成果是人工智能的一个重要研究方向。人机混合智能旨在将人的作用或认知模型引入到人工智能系统中,提升人工智能系统的性能,使人工智能成为人类智能的自然延伸和拓展,通过人机协同更加高效地解决复杂问题。

4. "人工+智能"向自主智能系统发展

当前人工智能领域的大量研究集中在深度学习，但是深度学习的局限是需要大量人工干预，比如人工设计深度神经网络模型、人工设定应用场景、人工采集和标注大量训练数据、用户需要人工适配智能系统等，费时费力。因此，科研人员开始关注减少人工干预的自主智能方法，提高机器智能对环境的自主学习能力。例如，阿尔法狗系统的后续版本阿尔法元从零开始，通过自我对弈强化学习实现了围棋、国际象棋和日本将棋的"通用棋类人工智能"。在人工智能系统的自动化设计方面，2017年谷歌提出的自动化学习系统（AutoML）试图通过自动创建机器学习系统降低人员成本。

5. 人工智能将加速与其他学科领域交叉渗透

人工智能本身是一门综合性的前沿学科和高度交叉的复合型学科，研究范畴广泛而又异常复杂，其发展需要与计算机科学、数学、认知科学、神经科学和社会科学等学科深度融合。随着超分辨率光学成像、光遗传学调控、透明脑和体细胞克隆等技术的突破，脑科学与认知科学的发展开启了新时代，能够大规模、更精细地解析智力的神经环路基础和机制，人工智能将进入生物启发的智能阶段，依赖于生物学、脑科学、生命科学和心理学等学科的发现，将机理变为可计算的模型，同时也会促进脑科学、认知科学、生命科学甚至化学、物理和天文学等传统学科的发展。

6. 人工智能产业将蓬勃发展

随着人工智能技术的进一步成熟以及政府和产业界投入的日益增长，人工智能应用的云端化将不断加速，全球人工智能产业规模在未来10年将进入高速增长期。

7. 人工智能将推动人类进入普惠型智能社会

"人工智能+X"的创新模式将随着技术和产业的发展日趋成熟，对生产力和产业结构将产生革命性影响，并推动人类进入普惠型智能社会。我国经济社会转型升级对人工智能有重大需求，在消费场景和行业应用的需求牵引下，需要打破人工智能的感知瓶颈、交互瓶颈和决策瓶颈，促进人工智能技术与社会各行各业的融合提升，建设若干标杆性的应用场景创新，实现低成本、高效益和广范围的普惠型智能社会。

8. 人工智能领域的国际竞争将日益激烈

当前，人工智能领域的国际竞赛已经拉开帷幕，并且将日趋白热化。世界军事强国也已逐步形成以加速发展智能化武器装备为核心的竞争态势。

9. 人工智能的社会学将提上议程

为了确保人工智能的健康可持续发展，使其发展成果造福于民，需要从社会学的角度系统全面地研究人工智能对人类社会的影响，制定完善的人工智能法律法规，从而规避可能的风险。

7.6 本章总结

人工智能又称为机器智能或计算机智能，是人为制造的或由机器或计算机表现出来的一种智能。目前，人工智能的主要学派有符号主义、连接主义和行为主义。

机器学习是研究如何使用机器来模拟人类学习活动的一门学科，是研究机器模拟人类的学习活动、获取知识和技能的理论和方法，以改善系统性能的学科。

本章首先介绍了人工智能的定义、起源和发展，以及人工智能的三大学派，其次介绍了机器学习的发展史和几种机器学习算法，最后介绍了人工智能的发展趋势。

第 8 章

SLAM与路径、轨迹规划

机器人要在某个未知环境中移动,需要解决三个问题,即"我在哪里""我要去哪里"和"怎么去"。"我在哪里"这个问题实际上包含两层含义,一是"我周围环境怎么样",二是"我在周围环境中的相对位置和姿态是什么"。"我周围环境怎么样"对应的就是建图问题,"我在周围环境中的相对位置和姿态是什么"问题对应的就是定位问题。而路径规划就是要解决机器人"怎么去"的问题。同步定位与地图构建(Simultaneous Localization and Mapping,SLAM)就是要回答机器人"我在哪里"的问题,试图解决机器人自身与周围环境相对空间关系的求解问题。SLAM 的概念最早由史密斯(Smith)和奇斯曼(Cheeseman)等于 1986 年在 IEEE 机器人与自动化会议上提出。该技术通过传感器采集信息,生成无人平台所探索环境的地图并对其进行定位,实现无人平台的自主移动。该技术由地图构建和定位两部分组成。地图构建是把通过传感器采集的序贯激光雷达点云或视觉特征从各帧局部坐标系投影至全局坐标系,之后完成地图拼接和定位,即获取移动载体在所建地图中的位置和姿态信息。一方面,获取传感器采集的各帧数据对应的局部坐标系的位置和姿态是构建地图的关键,即建图包含了定位问题;另一方面,构建准确的地图又是精确定位的前提,因此,定位与建图两者是高度耦合的,可作为一个问题来寻找解决方案。

SLAM 为路径规划提供了基础地图,在移动机器人和自动驾驶等领域扮演着十分重要的角色。举个简单的例子,对于一个家用扫地机器人,若没有 SLAM,它只会在房间里随机移动,无法打扫整个地面空间,此外,会消耗更多功率,电池会耗尽得更快。相反,采用 SLAM 的机器人可以使用滚轮转数等信息以及来自相机和其他成像传感器的数据,确定所需的移动量。机器人还可以同步使用相机和其他传感器创建其周围障碍物的地图,扫地机器人可以根据房间陈设对清扫路径进行规划,避免多次清扫同一区域和碰撞房间内放置的物品。图 8.1 给出了有无 SLAM 的扫地机器人扫地效果。

SLAM 系统使用的传感器在不断拓展,从早期的声呐,到后来的 2D/3D 激光雷达,再到单目、双目、RGBD 深度相机、飞行时间测距 ToF 等各种相机,以及与惯性测量单元(IMU)等传感器的融合;SLAM 的算法也从开始的基于滤波器的方法[扩展卡尔曼滤波(EKF)、粒子滤波(PF)等]向基于优化的方法转变,技术框架也从开始的单一线程向多线程演进。基于激光雷达的 SLAM(LiDAR SLAM)采用 2D 或 3D 激光雷达(也叫单线或多线激光雷达)。在室内机器人(如扫地机器人)上,一般使用 2D 激光雷达,在无人驾驶领域,一般使用 3D 激光雷达。相比于激光雷达,作为视觉 SLAM 传感器的相机更加便宜、轻便,而且图像能提供更加丰富的信息,特征区分度更高,缺点是图像信息的实时处理需要很高的计算能力。随着计算硬件能力的提升,在小型 PC(个人计算机)和嵌入式设备,乃至

 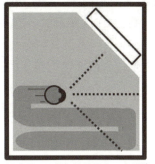

a) 无SLAM的扫地机器人只能随机清洁房间　　b) 有SLAM的扫地机器人，在清洁房间的同时还可以获得房间陈设信息

图 8.1　有无 SLAM 的扫地机器人扫地效果

移动设备上运行实时的视觉 SLAM 已经成为可能。

SLAM 是多个学科多个算法的不同策略组合。它融合了图像处理、几何学、图论、优化和概率估计等学科的知识，需要扎实的矩阵、微积分和数值计算知识；SLAM 与使用的传感器和硬件平台也有关系，研究者需要具备一定的硬件知识，了解所使用的传感器的硬件特性。所以，根据不同的应用场景，SLAM 研究者和工程师必须处理从传感器模型构建到系统集成的各种实践问题。

SLAM 并不是各种算法的简单叠加，而是一个系统工程。SLAM 需要平衡实时性和准确性，一般是多线程并发执行，资源的分配、读写的协调、地图数据的管理、优化和准确性、关键参数和变量的不确定性以及高速、高精度的姿态跟踪等，都是需要解决的问题。SLAM 还需要考虑硬件的适配，SLAM 的数据来源于传感器，有时是多个传感器融合，传感器的质量对 SLAM 的效果影响很大。多个传感器的分别校准和互相校准，乃至整个系统众多参数的调整，都是非常耗时的工程问题。

SLAM 未来有两大发展趋势。一是朝轻量级、小型化方向发展，让 SLAM 能够在嵌入式或手机等小型设备上良好运行。因这些设备自身计算资源有限，对 SLAM 的小型化和轻量化有非常强烈的需求。二是利用高性能计算设备，实现精密的三维重建、场景理解等功能。这些应用的目的是完美地重建场景，而对于计算资源和设备的便携性则没有太多限制。另外，多传感器融合、语义与深度学习的结合都是未来 SLAM 的发展方向。

8.1　SLAM 概念与框架

8.1.1　SLAM 概念

SLAM 是 Simultaneous Localization and Mapping 的缩写，翻译成中文有"同步定位与地图构建""同时定位与建图"和"即时定位与建图"等。由于其重要的理论与应用价值，被很多学者认为是实现真正全自主移动机器人的关键。SLAM 主要用于解决移动机器人在未知环境中运行时定位导航与地图构建的问题。

SLAM 问题可描述为：机器人在未知环境中从一个未知位置出发，在移动过程中通过携带的传感器观测到的环境特征获取自身的位置和姿态（即时定位），并在自身定位的基础上构建周围环境地图（地图构建），以达到同时定位和地图构建的目的，从而实现机器人的自主定位和导航。目前，SLAM 的应用领域主要有机器人、无人车、无人驾驶、虚拟现实（VR）和增强现实（AR）等，其用途包括自身的定位以及后续的路径规划、场景理解。简言之，SLAM 是以定位和建图两大技术为目标的研究领域，其问题描述如图 8.2 所示。

图 8.2 SLAM 的问题描述

1. 定位问题

机器人需要稳健的方法处理定位问题，其定位精度决定了后续建图的精度和一致性。对于机器人的精确定位问题，主流的解决方案有以扩展卡尔曼滤波为主的滤波方案和基于图优化的方案两种。在定位的同时也存在一些需要解决的问题，如定位误差累积、定位失败失去地图位置和定位目标跟踪丢失等。SLAM 通常会估计连续的运动，并容许少许的误差。但是，随着时间的累积，误差会与实际值产生越来越大的偏差。随着误差累积，机器人的起点和终点对不上了，即出现了闭环问题。这类位姿估计误差不可避免，必须设法检测到闭环，并确定如何修正或抵消累积的误差，往往采用记住到过某处的特征，将其作为路标，最小化定位误差。图像和点云建图不考虑机器人的移动特征，在某些情况下，会生成不连续的位置估计而导致定位失败，如移动的机器人在某个时刻突然向前瞬移了一段距离。解决这类问题通常会采用多传感器融合的方法，即通过融合惯性测量单元（Inertial Measurement Unit，IMU）、航姿参考系统（Attitude and Heading Reference System，AHRS）、惯性导航系统（Inertial Navigation System，INS）、加速度计传感器、陀螺仪传感器和磁力传感器等信息进行耦合，以便提供一个更加稳定的定位信息。重定位解决了 SLAM 系统在遭遇突然的剧烈运动或者无特征区域等情况时，跟踪丢失后重新找回的问题。如果不能有效地重定位，SLAM 系统已经建立的地图将不能再利用，SLAM 就会失败。

2. 地图构建

经典 SLAM 模型中的地图，就是所有路标点的集合，一旦确定了路标点的位置，通过构建位姿图就可以完成地图的构建。为了构建位姿图，SLAM 系统会从图像帧中挑选一些帧作为关键帧，这些关键帧即为真实场景在不同位姿处的快照。关键帧包含了位姿信息和与地图点云的观测关系，这些关键帧构成了位姿图顶点，它们之间的连接构成了位姿图的边，两个关键帧之间共视的地图点的个数就是这条边的权值。地图构建流程如图 8.3 所示。

由图 8.3 可以看出，地图构建需要处理两个方面的工作，即新的地图元素的加入和已有地图数据的维护。新地图元素的加入主要是三维地图点和关键帧。现代的 SLAM 系统一般都会选取适当的关键帧，以达到场景的精简表示。例如并行追踪与建图（Parallel Tracking and Mapping，PTAM）、半直接法单目视觉里程计（Semi - Direct Monocular Visual Odometry，SVO）和大场景直接单目即时定位与建图（Large - Scale Direct Monocular SLAM，LSD - SLAM）通过明显的位姿变化原则添加新关键帧，ORB - SLAM（Oriented FAST and BRIEF SLAM）通过明显的场景视图变化原则添加新关键帧；在新地图点生成方面，PTAM 和

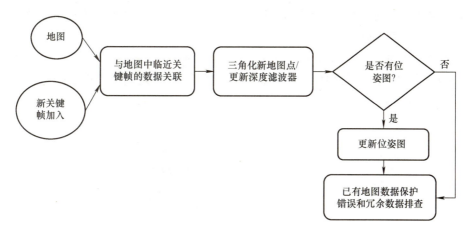

图 8.3　地图构建流程图

ORB-SLAM 通过优化关键帧位姿，根据匹配点三角化生成新的地图点，而 SVO 和 LSD-SLAM 通过图像帧与关键帧的匹配不断更新深度滤波器，最后利用收敛的特征点的深度来描述新地图点。已有地图数据的维护主要采用优化的方法对关键帧和地图点位姿进行优化，减少累积误差，并对冗余或错误的关键帧和地图点进行筛除，维护地图数据的有效性和正确性。

然而简单的建图无法满足人们的需求，比如让机器人在地图中导航、将虚拟物体叠加在现实物体中等。由于人们对建图存在不同的需求，各种地图类型与用途之间关系的了解也是 SLAM 建图的重要部分之一。

总的来讲，地图的用处主要有五点，即定位、导航、避障、重建和交互功能。定位是地图的一项基本功能，在 SLAM 的前端，可以通过局部地图实现机器人的定位，通过回环检测也可以确定机器人的位置，稀疏地图可以实现这一功能。导航是指机器人可以在地图中实现路径规划，地图点间寻找路径，控制自己运动到目标点的过程，通常需要使用稠密地图。避障则更加注重局部地图中和动态环境下对障碍物的处理，同样需要使用稠密地图。重建功能利用 SLAM 技术获得周围环境的重建效果，便于向人们展示，舒适且美观，这种地图也是稠密的。交互主要指人与地图间的互动，让机器懂得什么是"桌子"、什么是"汽车"等，这需要机器人对地图有一个更高层面的认知，通常称这类地图为语义地图。上面谈到的稀疏地图通常指只建模路标点的地图，而稠密地图通常建模所有看到过的部分。对于同一张桌子而言，稀疏地图可能只建模了桌子的四个角，而稠密地图建模了整个桌面。稀疏地图通过四个角完全可以对机器人进行定位，但是无法获取几个点之间的空间结构问题，所以无法通过稀疏地图完成导航、避障等需要稠密地图才能完成的工作。

3. SLAM 分类

按机器人所使用的传感器来分，SLAM 主要分为基于激光雷达的激光 SLAM 和基于单/双目摄像头的视觉 SLAM 两大类。此外，还有利用 IMU、声呐等传感器进行定位和建图的 SLAM。

（1）激光 SLAM

激光雷达是研究最多、使用最成熟的深度传感器，可以直接获得相对于环境的直接距离信息和方位信息，从而实现直接相对定位。激光雷达的优点是能够比较精准地提供角度和距离信息、扫描范围广，固态激光雷达（如 Sick、Hokuyo 等生产的）可以达到较高的数据刷新率，基本满足了实时操作的需要；缺点是价格比较昂贵，成本高，安装部署对结构有要求，如要求扫描平面无遮挡。

基于激光雷达的 SLAM（LiDAR SLAM）采用 2D 或 3D 激光雷达（也叫单线或多线激光雷达）。室内机器人，如扫地机器人一般使用 2D 激光雷达；无人驾驶领域一般使用 3D 激光雷达。机器人常用的激光雷达如图 8.4 所示。

图 8.4　机器人常用的激光雷达

（2）视觉 SLAM

相比激光雷达，相机具有价格低、轻便和易得，能提供更加丰富的图像信息，特征区分度更高等优点，缺点是图像信息实时处理需要较高的计算能力。视觉 SLAM 使用的传感器主要有单目相机、双目相机和 RGB－D 相机。单目相机结构简单，成本低，便于标定和识别，适用性强，但单目相机无法在静止状态下测量距离，只有在动态状态下才能根据三角测量等原理感知距离，获得的 SLAM 结果具有尺度不确定性。双目相机可以感知距离信息，但是配置和标定相对复杂，数据量大，运算量大。图 8.5 为单目和双目摄像头实物图。

图 8.5　单目和双目摄像头

RGB－D 相机可以输出 RGB 图像和 Depth 图像，RGB－D 摄像头是一种新型传感器，它不仅可以获取环境的 RGB 信息，也可以获取每一个像素点的深度信息。由于多了一组深度信息的数据，使得 RGB－D 相机不仅可以用于 SLAM，还可以用于图像处理、物体识别等多个方面，但同时也存在视野窄、盲区大和噪声大等缺点需要解决。图 8.6 为 RGB－D 摄像头实物图。

8.1.2　SLAM 框架

经典 SLAM 框架大致可分为传感器数据读取、前端里程计/数据配准、后端优化、闭环检测和地图构建 5 部分，如图 8.7 所示。

1. 传感器数据读取

传感器数据读取主要是指对激光雷达或摄像头传感器数据的接收，对激光 SLAM 来说主

图 8.6 RGB-D 摄像头

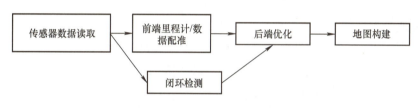

图 8.7 经典 SLAM 框架

要为三维点云信息的获取和处理,而视觉 SLAM 主要是相机图片信息的获取和处理。

2. 前端里程计/数据配准

前端里程计/数据配准对接收到的不同帧的激光或视觉等传感器获得的点云数据进行数据同步与对齐、无效值滤除、序列检查、点云遮挡与平行点去除、坐标系处理等,以及进行点云运动畸变和重力对齐等处理,并估计两序惯帧间的相对运动以及局部地图。前端配准方法需要考虑特征点,根据输入传感器数据提取特征,之后再对两帧数据的特征点位置进行匹配。当然,仅仅凭借两帧的估计往往是不够的,需要把特征点缓存成一个小地图,计算当前帧与地图之间的位置关系。

3. 后端优化

后端优化主要是利用接收到的不同时刻的位姿以及回环检测信息进行优化,以获得全局一致性的轨迹和地图,主要有滤波法和非线性优化的方法。后端优化需要考虑更长一段时间或者所有时间上的状态估计问题,不仅使用过去的信息更新自己的状态,也会用未来的信息来更新自己的状态。在 SLAM 的过程中可以用运动方程和观测方程进行描述。

4. 闭环检测

闭环检测也称为回环检测,主要是判断机器人是否到过先前经过的位置,用来消除累积误差。如果只像前端配准方法那样考虑相邻时间上的关联,那么之前产生的误差将不可避免地累积到下一个时刻,使得整个 SLAM 出现累积误差,无法长期估计。虽然在后端能估计最大后验误差,但只有相邻关键数据,人们能做的事情并不是很多,无法消除累积误差。回环检测对 SALM 系统的意义重大，它关系到估计的轨迹和地图在长时间下的正确性，当然也提供了当前数据与所有历史数据的关联，在跟踪算法求值后，还可以利用回环检测进行重新定位。因此，回环检测对整个 SLAM 系统精度与稳健性的提升是非常明显的。

5. 地图构建（建图，Mapping）

在 SLAM 模型中，地图就是所有路标点的集合，一旦确定了各个路标点的位置，就完成了建图。但即使是地图，也会有许多不同的需求，可大致分为定位、导航、避障、重现和交互这五个方面。

8.1.3 机器人工程中用到的地图

日常生活中，有很多类型的地图，如世界地图、城市地图、地铁运行图和校园导引图等。对于人来说，可以看懂一张地图。但对于机器人而言，其导航也需要地图，通常是易于理解和易于计算的数字文件。近年来出现了各种形式的机器人导航地图信息格式，有些不仅包括二维信息，还包括三维信息，甚至还包含有关移动的信息和各物体的分割信息。机器人学中地图的表示方法有四种：特征地图、拓扑地图、栅格地图以及语义地图。在机器人领域，尺度地图常用于地图构建、定位和 SLAM，拓扑地图和栅格地图常用于路径规划，而语义地图常用于人机交互。

1. 尺度地图

尺度地图中的距离和现实世界是相对应的，每一个地点都可以用坐标来表示。最常用到的经纬度标识地方的地图也是尺度地图。机器人学中的栅格地图、特征地图和点云地图都属于尺度地图，一般定位用到的都是尺度地图。栅格地图是把环境划分成一系列栅格，其中每一栅格给定一个可能值，表示该栅格被占据的概率。特征地图用有关的几何特征（如点、直线和面）表示环境。图 8.8 ~ 图 8.10 所示分别是栅格地图、点云地图和特征地图。

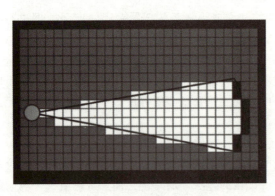

图 8.8　栅格地图

图 8.9　点云地图

2. 拓扑地图

拓扑地图是指地图学中一种统计地图，一种保持点与线相对位置关系正确而不一定保持图形形状与面积、距离、方向正确的抽象地图，每一个地点（拐角、门、电梯和楼梯等）用一个点来表示，用边来连接相邻的点，如走廊等。拓扑地图只表述其中两点的连通关系，并不关心路径，在一些大场景下，需要构建拓扑地图。图 8.11 为拓扑地图。

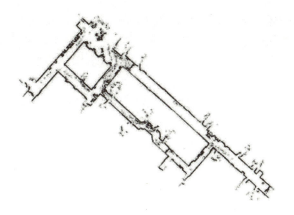
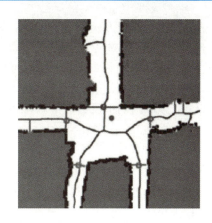

图 8.10　特征地图　　　　　　　　图 8.11　拓扑地图

3. 语义地图

语义地图不是一个单独的图层，它能够以上述任何一种地图作为载体，将语义映射到其中。其中每一个地点和道路都会用标签的集合来表示。图 8.12 为语义地图。

4. 混合地图

混合地图是在一张拓扑地图上，每一个点上添加一张尺度地图，在需要导航的时候，先对拓扑地图进行导航，再对其中的尺度地图进行导航。

图 8.12　语义地图

8.2　激光 SLAM 主流方案

激光 SLAM 方案按求解方式的不同可以分为基于滤波器和基于图优化两类。基于滤波器的方法源于贝叶斯估计理论，是早期解决 SLAM 问题的方法，核心技术是贝叶斯滤波及其衍生技术。其主要思想是基于上一时刻的状态量，通过控制量输入和运动方程的推演获取预测的状态量，再由相关传感器的观测对预测进行融合"补偿"。在室内或小范围场景应用中具有不错的效果，但由于只考虑了移动载体的当前位姿状态和当前环境观测信息，不具有回环检测能力，存在线性化以及更新效率低等问题，在程序运行中还会随着场景的增大占用成倍增加的计算资源，这使得它在室外大型场景中的表现效果比较差。目前 SLAM 系统中常用的滤波算法主要有贝叶斯滤波器（Bayesian Filter）、卡尔曼滤波器（Kalman Filter）、粒子滤波器（自适应蒙特卡罗定位）[Particle Filter（adaptive Monte Carlo Localization）]、扩展卡尔曼滤波器（Extended Kalman Filter）、迭代扩展卡尔曼滤波器（Iterated Extended Kalman Filter）、误差状态卡尔曼滤波器（Error – State Kalman Filter）和多状态约束卡尔曼滤波器（Multi – State Constraint Kalman Filter）等。

基于图优化的 SLAM 的核心技术是如何设计与建立 SLAM 的问题结构（即确定后端优化的目标函数）以及可以引入哪些约束来优化整体的优化结构。其主要思想是通过前端数据关联将不同时刻的位姿及环境信息放入节点中，节点间的边对应节点间的空间约束，构成节点图，通过不断调整节点的位置使其符合约束，从而完成对机器人位姿及环境中特征点位置的估计，得到机器人运动轨迹与所观测到的环境地图，是一种更为高效和普适的优化方法。基于图优化的 SLAM 方案考虑了移动载体历程中全部的位姿状态和环境观测信息，相较于早期基于滤波器的 SLAM 方法，通常可以得出全局一致性更好的地图，且随着求解方法的不断发展，在相同计算量的前提下，基于图优化 SLAM 的求解速度也已经超过滤波器方法，是目前 SLAM 领域内的主流方法。目前 SLAM 系统中常用的优化库主要有 G2o、Ceres、GTSAM 和 iSAM 等。

激光 SLAM 主流方案主要有 Gmapping、Hector_ SLAM、Karto SLAM、Cartographer、LOAM、LeGO – LOAM、LIO – SLAM、Hdl_ graph_ slam、SegMap、SuMa 和 SuMa + + 等。以下简单介绍几种主流方案。

1. Gmapping

Gmapping 是一个基于 2D 激光雷达使用 RBPF（Rao – Blackwellized Particle Filters）算法完成二维栅格地图构建的 SLAM 算法，其地图构建流程如图 8.13 所示。

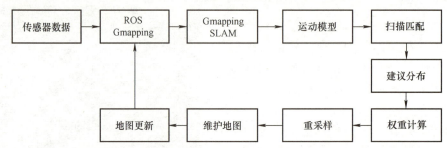

图 8.13 Gmapping 地图构建流程图

Gmapping 可以实时构建室内环境地图，在小场景中计算量少，且地图精度较高，有效利用里程计信息，提供了机器人的先验位姿，对激光雷达扫描频率要求低、鲁棒性高。随着场景增大所需的粒子增加，因为每个粒子都携带一幅地图，因此在构建大地图时所需内存和计算量都会增加，所以 Gmapping 不适合大场景地图构图。Gmapping 没有回环检测，因此在回环闭合时可能会造成地图错位，虽然增加粒子数目可以使地图闭合，但是以增加计算量和内存为代价。对救灾等地面不平坦的情况，无法使用里程计，Gmapping 不太适用。

2. Hector_ SLAM

Hector_ SLAM 利用高斯牛顿方法来解决扫描 – 匹配（Scan – Matching）的问题，对传感器的要求比较高，需具备高更新频率且测量噪声小的激光扫描仪。

Hector_ SLAM 的优点在于：不需要使用里程计，所以在不平坦区域实现建图的空中无人机及地面小车具有运用的可行性；利用已经获得的地图对激光束点阵进行优化，估计激光点在地图上的表示和占据网格的概率；利用高斯牛顿方法解决 Scan – Matching 问题，获得激光点集映射到已有地图的刚体变换；为避免局部最小而非全局最优的出现，地图使用多分辨率；导航中的状态估计加入惯性测量系统（IMU），利用 EKF 滤波。

Hector_ SLAM 的缺点主要有：需要雷达的更新频率较高，测量噪声小。所以在制图过程中，需要机器人速度控制在比较低的情况下，建图效果才会比较理想，这也是它没有回环（Loop Close）的一个后遗症；在里程计数据比较精确的时候，无法有效利用里程计信息；由于其过分依赖 Scan – Matching，特别是在长廊问题中，误差更加明显。

3. Karto SLAM

Karto SLAM 是基于 Scan – Matching、回环检测和图优化的 SLAM 算法，用高度优化和非迭代科列斯基（Cholesky）矩阵进行稀疏系统解耦作为解。图优化方法利用图的均值表示地图，每个节点表示机器人轨迹的一个位置点和传感器测量数据集，箭头指向的连接表示连续机器人位置点的运动，每个新节点加入，地图就会依据空间中的节点箭头的约束进行计算更新。

4. Cartographer

Cartographer 是谷歌推出的基于图优化的激光 SLAM 算法，它同时支持 2D 和 3D 激光 SLAM，可以跨平台使用，支持 LiDAR、IMU、Odometry 和 GPS 等多种传感器配置。Cartographer 建立的 2D 栅格地图可以达到 5cm 的精度，该算法广泛应用于服务机器人、扫地机器人、仓储机器人和自动驾驶等领域，是最优秀的激光 SLAM 框架之一。

Cartographer 的架构主要由 Local SLAM 和 Global SLAM 两部分组成。Local SLAM 利用里程计（Odometry）和 IMU 数据进行轨迹推算，给出小车位姿估计值，将位姿估计值作为初值，对雷达数据进行匹配，并更新位姿估计器的值，雷达一帧帧数据经过运动滤波后，进行叠加，形成子图（submap）。Global SLAM 部分为回环检测，后端优化后全部子图形成一张完整可用的地图。

5. LOAM

LOAM（Lidar Odometry and Mapping）是针对多线激光雷达的经典 SLAM 算法，框架如图 8.14 所示。其主要思想是通过两个算法：一个是高频激光里程计进行低精度的运动估计，即使用激光雷达作里程计，计算两次扫描之间的位姿变换；另一个是执行低频但是高精度的建图与校正里程计，利用多次扫描的结果构建地图，细化位姿轨迹。在点云匹配与特征提取时，由于 scan-to-scan 匹配精度低但速度快，map-to-map 匹配精度高但速度慢，创新性使用 scan-to-map 来兼具精度与速度，这种思路给后续很多基于激光里程计或多传感器融合框架提供了思路。LOAM 没有回环检测，会引起漂移，为此出现了很多算法如 LeGO-LOAM、LINS、LIO-Mapping 和 LIO-SAM 等。

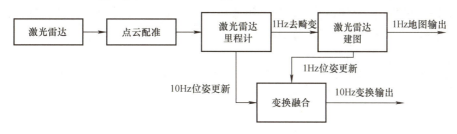

图 8.14　LOAM 框架

6. LeGO-LOAM

LeGO-LOAM 全称为 Lightweight and Groud-Optimized Lidar Odometry and Mapping on Variable Terrain，是 Tixiao Shan 提出的一种基于 LOAM 的改进激光 SLAM 框架，主要是为了实现小车在多变地形下的定位和建图，针对前端和后端都做了一系列的改进，其方案框架如图 8.15 所示。首先，对激光雷达采集到的点云进行聚类分割，分离出地面点云，同时滤除异常点。然后，利用 LM

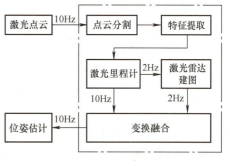

图 8.15　LeGO-LOAM 框架

算法进行两步优化解决连续帧之间的 6 自由度变换：第一步是利用地面点云估算出平面变换参数 t_z，θ_{roll}，θ_{pith}；第二步是对分割后点云中边缘点和平面点进行匹配得到 t_x，t_y，θ_{yaw}。最后，利用回环检测以纠正运动估计漂移。

8.3 视觉 SLAM 主流方案

视觉 SLAM 是以视觉传感器作为主要感知方式的 SLAM。按照建图稀疏程度来分，视觉 SLAM 技术可以分为稀疏 SLAM、半稠密 SLAM 和稠密 SLAM。虽然同为 SLAM 系统，但它们的侧重点并不完全一样。SLAM 系统最初的设想是为机器人提供在未知环境中探索时的定位和导航能力，其核心在于实时定位。以定位为目的，需要建立周围环境的路标点地图，进而确定机器人相对路标点的位置，这里的路标点地图即稀疏地图，地图服务于定位。但随着算法和算力的发展，SLAM 逐渐被用于对环境的重建，即把所有看到的部分都完整重建出来，此时，SLAM 所建立的地图必须是稠密的，而 SLAM 系统的首要任务也从定位转变为了建立环境的精确稠密地图。这种首要任务的差异最终会反映在 SLAM 系统的技术方案上，稠密 SLAM 系统对精度的评价也从"定位精度"转变为"建图精度"。此外，相比于稀疏 SLAM 系统，稠密 SLAM 的建图部分要消耗多得多的算力，通常都需要图形处理器（Graphics Processing Unit，GPU）加速来达到实时性。典型的视觉 SLAM 方案有 LSD – SLAM、ORB – SLAM2、ORB – SLAM3、DSM、VINS – Fusion、InfiniTAM、Bundle Fusion 和 RtapMap 等。

1. LSD – SLAM

LSD – SLAM，即 Large – Scale Direct SLAM，是 2014 年慕尼黑技术大学计算机视觉组研究团队提出的一种基于光流跟踪的直接法 SLAM，兼容单目相机和双目相机，能够构建大规模、一致的环境地图，可以在 CPU 上实时运行。LSD – SLAM 使用了一些精妙的手段来保证追踪的实时性与稳定性，实现了简单直接法 SLAM 无法实现的半稠密重建，但 LSD – SLAM 对相机内参和曝光非常敏感，并且在相机快速运动时容易丢失。其主要处理流程如下：

1）通过直接法对相机位姿进行追踪，当当前帧所包含的信息与最后一个关键帧有足够差别时，建立新的关键帧。

2）对当前关键帧的深度信息进行估计，对于双目 LSD – SLAM，首先根据左右图像的视差估计深度，然后结合不同时序的帧优化深度。

3）对全局的关键帧进行位姿图优化，获得全局一致的地图。

2. ORB – SLAM

ORB – SLAM 是由 Raúl Mur – Artal，Juan D. Tardós，J. M. M. Montiel 和 Dorian Gálvez – López 等人于 2015 年提出的视觉 SLAM 方案，发表在 IEEE Transactions on Robotics。ORB – SLAM 是一个基于特征点的实时单目 SLAM 系统，适用于大规模、小规模和室内室外的环境，对剧烈运动具有很好的鲁棒性，支持宽基线的闭环检测和重定位。ORB – SLAM 包含了跟踪（Tracking）、建图（Mapping）、重定位（Relocalization）和闭环检测（Loop Closing）等所有 SLAM 系统共有模块。由于 ORB – SLAM 系统是基于特征点的 SLAM 系统，故其能够实时计算出相机的轨迹，并生成场景的稀疏三维重建结果。2016 年，在 ORB – SLAM 的基础上又提出了 ORB – SLAM2，支持单目、双目立体和 RGB – D 相机。

ORB – SLAM 主要分为三个线程，即跟踪（Tracking）、局部建图（Local Mapping）和闭环检测（Loop Closing）。

（1）跟踪（Tracking）

跟踪线程的主要工作是从图像中提取 ORB 特征，根据上一帧进行姿态估计，或者通过全局重定位初始化位姿，然后跟踪已经重建的局部地图，优化位姿，再根据一些规则确定新的关键帧。

（2）局部建图（Local Mapping）

局部建图主要完成局部地图构建，包括对关键帧的插入，验证最近生成的地图点并进行筛选，然后生成新的地图点，使用局部捆集调整（Local BA），最后再对插入的关键帧进行筛选，去除多余的关键帧。

（3）闭环检测（Loop Closing）

闭环检测主要分为两个过程，分别是闭环探测和闭环校正。闭环检测先使用 WOB 进行探测，然后通过 Sim3 算法计算相似变换。闭环校正主要是闭环融合和 Essential Graph 的图优化。

2020 年，西班牙 Zaragoza 大学最新开源了 ORB－SLAM3 的论文和源码，增加了对于 IMU 融合的支持，兼容鱼眼相机模型，并且增加了 Altas 多地图的支持，其闭环检测提供了 Welding BA 优化方式，可支持多地图模式。

3. ElasticFusion SLAM

ElasticFusion 是 2016 年帝国理工大学提出的基于 RGB－D 相机的视觉 SLAM，具有稠密建图、在线实时运行和轻量级等特点。ElasticFusion 主要思路是：首先根据 RGB－D 图像配准估算位姿，根据位姿误差决定进行重定位还是回环检测；若存在回环，则首先优化 Deformation Graph，然后优化 Surfel 地图；若不存在，则更新和融合全局地图，并估算当前视角下的模型，用于下一帧图像配准。

ElasticFusion 的技术特点如下：

1）基于 RGB－D 的稠密三维重建一般使用网格模型融合点云，ElasticFusion 是使用 Surfel 模型的方案。

2）传统的 SLAM 算法一般通过优化位姿或者路标点来提高精度，而 ElasticFusion 采用优化 Deformation Graph 的方式。

3）融合了重定位算法（当相机跟丢时，重新计算相机的位姿）。

4）ElasticFusion 算法融合了 RGB 信息（颜色一致性约束）和深度信息（ICP 算法）进行位姿估计。

8.4 路径规划

路径规划是移动机器人运动的重要组成部分，其任务是在具有障碍物的环境内按照一定的评价标准，寻找一条从起始状态（包括位置和姿态）到达目标状态（包括位置和姿态）的无碰撞路径。障碍物在环境中的不同分布情况直接影响规划的路径，而目标位置的确定则由更高一级的任务分解模块提供。

根据对环境信息的掌握程度可把路径规划划分为基于先验完全信息的全局路径规划和基于传感器信息的局部路径规划。其中，从获取障碍物信息是静态或是动态的角度看，全局路径规划属于静态规划，局部路径规划属于动态规划。全局路径规划需要掌握所有的环境信息，根据环境地图的所有信息进行路径规划。全局路径规划方法的精确程度取决于获取环境信息的准确程度。通常可以寻找最优解，但需要预先知道准确的全局环境信息。局部路径规划只需要由传感器实时采集环境信息，了解环境地图信息，然后确定出所在地图的位置及其局部的障碍物分布情况，从而选出从当前节点到某一子目标节点的最优路径。局部规划仅依靠传感系统实时感知的信息，与全局规划方法相比，局部规划更具实时性和实用性，对动态环境具有较强的适应能力；但是由于仅依靠局部信息，有时会产生局部极值点或振荡，无法保证机器人能顺利地到达目标点。

8.4.1 全局路径规划

在全局路径规划算法中，大致可分为三类：传统算法（Dijkstra 算法、A*算法等）、智能算法（PSO 算法、遗传算法和强化学习等）和传统与智能相结合的算法。

1. Dijkstra 算法

Dijkstra 算法是由 E. W. Dijkstra 于 1959 年提出，又叫迪杰斯特拉算法。该算法采用了一种贪心模式，解决的是有向图中单个节点到另一节点的最短路径问题，其主要特点是每次迭代时选择的下一个节点是当前节点最近的子节点，也就是说每一次迭代行进的路程是最短的。为了保证最终搜寻到的路径最短，在每一次迭代过程中，都要对起始节点到所有遍历到的点之间的最短路径进行更新。

2. A*算法

A*算法是启发式搜索算法，启发式搜索即在搜索过程中建立启发式搜索规则，以此来衡量实时搜索位置和目标位置的距离关系，使搜索方向优先朝向目标点所处位置的方向，最终达到提高搜索效率的效果。

3. D*算法

基于 A*算法，Anthony Stentz 在 1994 年提出了 Dynamic A*算法，即 D*算法。D*算法是一种反向增量式搜索算法。所谓反向即算法从目标点开始向起点逐步搜索，而增量式搜索即算法在搜索过程中会计算每一个节点的距离度量信息，在动态环境中若出现障碍物无法继续沿预先路径搜索，算法会根据原先已经得到的每个点的距离度量信息在当前状态点进行路径再规划，无须从目标点进行重新规划。

4. LPA*算法

2001 年，由斯文·柯尼格（Sven Koenig）和马克西姆·利卡切夫（Maxim Likhachev）共同提出的 Life Planning A*算法是一种基于 A*算法的增量启发式搜索算法。LPA*算法实现原理：搜索起始点为所设起点（正向搜索），按照 Key 值的大小作为搜索前进的原则，迭代到目标点为下一搜索点时完成规划；Key 值中包含启发式函数作为启发原则来影响搜索方向；处于动态环境时，LPA*可以适应环境中障碍物的变化而无须重新计算整个环境，方法是在当前搜索期间二次利用先前搜索得到的值，以便重新规划路径。

5. D*lite 算法

D*lite 算法是斯文·柯尼格（Sven Koenig）和马克西姆·利卡切夫（Maxim Likhachev）基于 LPA*算法提出的路径规划算法。D*lite 与 LPA*的主要区别在于搜索方向的不同，即将 Key 值定义中涉及的目标点替换为起始点的相应信息。

D*lite 算法首先是在给定的地图集中逆向搜索并找到一条最优路径，然后，在其接近目标点的过程中，通过在局部范围的搜索去应对动态障碍点的出现。增量式算法的优势在于，各个点的路径搜索已经完成，当遇到障碍点无法继续按照原路径进行逼近时，通过增量搜索的数据再利用直接在受阻碍的当前位置重新规划出一条最优路径，然后继续前进。

6. RRT 算法

当地图过大时，使用迪杰斯特拉或 A* 算法的效果并不理想。快速扩展随机树（RRT）算法是非常实用的一种路径搜索算法，该算法能够在地图中快速展开生成一棵树，最后返回一条从起始点到终点的可行路径。RRT 算法是一种启发式的算法，在搜索的过程中会用到目标点的位置信息，分为采样、扩树、合法性判断和算法终止条件判断等主要步骤。

8.4.2 局部路径规划

局部路径规划和全局路径规划并没有本质的区别，很多适用于全局路径规划的方法经过改进也可以用于局部路径规划，而适用于局部路径规划的方法同样经过改进后也可适用于全局路径规划。两者协同工作，机器人可更好地规划从起始点到终点的行走路径。常用的局部路径规划算法有动态窗口法（DWA）、时间弹性带（TEB）和模型预测控制（MPC）。

1. 动态窗口法（DWA）

DWA 算法全称为 Dynamic Window Approach，其原理主要是在速度空间中采样多组速度，模拟出这些速度在一定时间内的运动轨迹，并通过评价函数对这些轨迹进行评价，选取最优轨迹对应的速度驱动机器人运动。

2. 时间弹性带（TEB）

时间弹性带就是连接起始点、目标点，并让这个路径形状可以变形，变形的条件就是将所有约束当作路径形状的外力。起始点、目标点状态由用户或全局路径规划指定，中间插入多个控制路径形状的控制点（机器人姿态），为了显示轨迹的运动学信息，在点与点之间定义运动时间。

3. 模型预测控制（MPC）

与 DWA 和 TEB 算法不同，MPC 只是一个控制器，在自动驾驶领域，其与 PID 控制器一样，控制器的输入包括车辆下一步的运行轨迹、车辆的当前状态，输出是速度和转角。不同之处在于，PID 控制器是实时处理当前车辆与目标轨迹的差距来调整输出，使车辆接近目标轨迹，而 MPC 控制器将未来一个时间段分成多个节点，预测每个节点的车辆状态，再调整控制器的输出使车辆尽可能接近参考轨迹。相比于 PID 控制器的单输入、单输出特性，模型预测控制更加适用于多输入、多输出的复杂控制系统，可以通过调参，使得车辆的控制更加平稳、更接近于期望轨迹等。

8.5 轨迹规划

在机械臂中，将机器人末端执行器移动时的位姿随时间变化而得出的曲线称为轨迹。通常来说，对于机器人的运动只提供起点和终点位姿，若需要让机器人能够自然平滑地按照想要的方式从起点移动到终点，则需要设计一个算法，使得机器人在移动的过程中，无论是位置的变化还是速度的变化都是连续且平滑的，有时，还会要求加速度的变化也是连续的，如图 8.16 所示。

在避障等一些机械臂的应用场景下，一般都是先在任务空间中对多轴机械臂的末端执行器进行路径规划，得到末端执行器的运动路径点的数据。这条路径仅包含机器人末端执行器的位置信息，并没有告诉机器人应该以怎样的速度、加速度运动，这就需要进行带时间参数

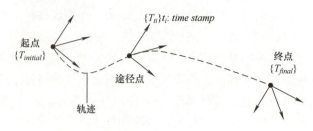

图 8.16 轨迹规划示意图

的轨迹规划处理，也就是对这条空间轨迹进行速度、加速度约束，并且计算运动到每个路径点的时间。

机械臂最常用的轨迹规划方法有两种：

1）要求用户对于选定的轨迹节点（插值点）上的位姿、速度和加速度给出一组显式约束（如连续性和光滑程度等），轨迹规划器从一类函数（如 n 次多项式）中选取参数化轨迹，对节点进行插值，并满足约束条件。约束的设定和轨迹规划均在关节空间进行。由于对机械臂末端笛卡儿空间没有施加任何约束，用户很难弄清末端的实际路径，所以可能会与障碍物相碰。

2）要求用户给出运动路径的解析式，如直角坐标空间中的直线路径，轨迹规划器在关节空间或直角坐标空间中确定一条轨迹来逼近预定的路径。路径约束是在直角坐标空间中给定的，而关节驱动器是在关节空间中受控的。

具体的机械臂的轨迹规划分为以下两种方法：关节空间（位形空间）轨迹规划和笛卡儿空间（任务空间）轨迹规划。关节空间轨迹规划是指给定关节角的约束条件（起点、终点或中间节点的位置、速度和加速度等），生成各关节变量变化曲线的过程。笛卡儿空间轨迹规划是指给定机械臂起点、终点或中间节点的约束条件，生成机械臂末端在笛卡儿空间变化曲线的过程。

当只给定起点、终点时刻的约束条件时，相应的轨迹规划称为点到点路径规划；若要求关节变量严格按照指定曲线运动时的规划称为连续路径规划；当要求经过多个中间点，而对节点间的轨迹没有严格限制时的轨迹规划称为多节点轨迹规划。实际中，往往是采用介于点到点和连续轨迹规划之间的多节点轨迹规划。

关节空间轨迹规划步骤如下：

1）确定轨迹的起点—途径点—终点。

2）通过逆运动学计算出以上所有点的关节角，即关节空间下的所有点关于时间的位置。

3）设计一条轨迹，将关节空间所有点都平滑地连接起来。

4）通过正运动学计算出在这种情况下末端关于笛卡儿坐标（也称为世界坐标）的曲线。

5）检查世界坐标下的曲线是否合理。

笛卡儿空间轨迹规划步骤如下：

1）确定轨迹的起点—途径点—终点。

2）设计一条曲线，将笛卡儿空间所有点都平滑地连接起来。

3）使用逆运动学计算出这条曲线在关节空间的曲线。

4）检查关节空间的曲线是否平滑。

一般情况下，关节空间的规划方法便于计算，并且由于关节空间与笛卡儿空间之间并不存在连续的对应关系，因而不会发生机构的奇异性问题。可以采用梯形速度插值、用抛物线拟合的线性插值、三次或五次多项式、三次或五次样条、混合多项式、贝塞尔曲线等插值函数进行轨迹规划。

1. 梯形规划

梯形规划是指速度大小随时间变化的曲线轮廓是一个梯形，因此也被称为 T 形规划，只有加速、匀速和减速三个阶段。图 8.17 为梯形规划得到的在时间 t_f 内将机械臂位姿从初始值 q_i 运动到最终值 q_f 的关节位移 q、速度 $\dot{q}$ 和加速度 $\ddot{q}$ 曲线。在传统工业的实际情况中，提供给用户的是指定速度相对于最大容许速度的百分比，从而避免出现指定的运动周期太短，导致需要超出机械臂关节能力的速度和加速度值。

对于不存在耦合的多轴系统，由于电动机能力和负载已知，可以计算出一个可达的最大加速度，这样使用传统的梯形或 S 形加速规划可以获得很好的效果。同时每个电动机都有额定的最大速度，为了使关节运动时间尽量短，电动机应尽可能工作在最大速度。梯形算法十分简易，规划周期耗时短，有利于缩减系统的连续运行时间，从而提高系统的运动控制速度。

由于梯形规划采用的是匀加减速，使得在加、减速阶段的起点和终点处加速度存在突变，加速度曲线不连续，使其加

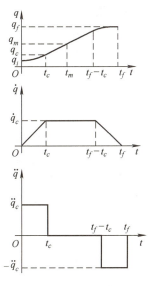

图 8.17　梯形规划法关节位移、速度和加速度曲线

速、匀速和减速过程不能实现平滑过渡，存在跳跃现象，导致关节电动机进行插补时产生较大的冲击，进给驱动系统出现振动，对电动机造成损害，影响其使用寿命。因而，直线加减速通常运用于低速、低成本的运动控制过程。

2. S 形规划

S 形规划的 "S" 单指加速阶段的速度轮廓，整个 S 形规划分为 7 个阶段：加加速 T_1、匀加速 T_2、减加速 T_3、匀速 T_4、加减速 T_5、匀减速 T_6 和减减速 T_7，如图 8.18 所示，a 为加速度。其中加加速、匀加速和减加速，三个阶段的曲线合在一起像英文字母 S。S 形

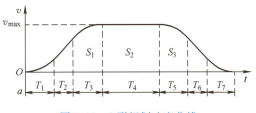

图 8.18　S 形规划速度曲线

规划相对于 T 形规划，其加减速更加平稳，对电动机和传动系统的冲击更小，但是在相同的期望速度下，运动同样的距离所需的时间更长。

在 S 形规划中，其加速度的曲线是 T 形的；换一种说法，当 S 形规划中的加加速度（jerk）足够大时，S 形规划就变成了 T 形规划。

T 形规划和 S 形规划的数学表达式都是分段函数，而多项式规划一般指的是可以用单个表达式表达的曲线，根据约束条件不同，常用的是 3 次和 5 次多项式。在机器人系统中，单纯的多项式规划有一个非常严重的问题：没有匀速段。单纯的多项式规划无法根据期望速度提供匀速控制，而在大部分机器人应用中，对加工的速度控制都是有要求的。另一个问题是，次数越高的多项式，加速过程越慢，整个运动过程中的平均速度越小，影响效率。

在机器人系统中很少使用 T 形和 S 形规划，主要原因是这两种规划的基础是加速度限制（Acceleration Limiter），也就是说必须要指定一个期望最大加速度，使用该期望加速度进行规划。由于机械臂在整个空间中处于不同构型时可以达到的最大加速度是不一样的，因此无法确定一个广泛适用的最大加速度值用于离线的 S/T 形规划。设置得小了，无法充分发挥伺服系统的性能；设置得大了，可能会损坏伺服系统或者严重影响跟踪精度。解决上述问题的方法是使用扭矩限制器（Torque Limiter）来进行速度规划，这样可以充分发挥伺服系统的潜力；反过来，这样也就破坏了 S/T 形规划的理论基础（加速度是随时变化的），不能再用了。

8.6 ROS 机器人导航

机器人在未知环境中需要先使用激光传感器（或者将深度传感器转换为激光数据）进行地图建模，然后再根据构建的地图进行导航与定位，总体框图如图 8.19 所示，其中椭圆框内是导航必须用到的基本组件，圆角矩形框是供应用开发者需要的组件。

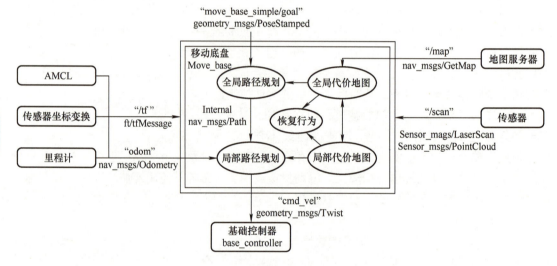

图 8.19 ROS 机器人导航总体框图

ROS 机器人中可以利用以下三个功能来实现自主导航。

1）Gmapping：根据激光数据（深度数据模拟激光数据）构建地图。

2）Move_base：将全局导航和局部导航链接在一起以完成其导航任务，全局导航用于建立到地图上最终目标或一个远距离目标的路径，局部导航用于建立到近距离目标和为了临时躲避障碍物的路径。

3）AMCL：英文全称是 Adaptive Monte Carlo Localization，自适应蒙特卡罗定位，是机器人在二维移动过程中的概率定位系统。AMCL 是基于粒子滤波器的定位算法，与 Gmapping 的定位方法类似，但主要实现定位功能。AMCL 是蒙特卡罗定位法（MCL）的一种升级版，AMCL 使用自适应的 KLD 粒子滤波法来更新粒子。粒子滤波法简单来说就是一开始在地图空间很均匀地撒一把粒子，然后通过获取机器人的运动来移动粒子，比如机器人向前移动了 1m，所有的粒子也就向前移动 1m，不管现在这个粒子的位置对不对，使用每个粒子所处位置模拟一个传感器信息，并与观察到的传感器信息（一般是激光）做对比，从而赋给每个粒子一个概率。随后根据生成的概率来重新生成粒子，概率越高，生成的概率越大。通过反复的迭代，所有的粒子会慢慢地收敛到一起，就可以推算出机器人的确切位置。

8.7 本章总结

"我在哪里""我要去哪里"和"怎么去"是机器人在位置环境中移动需要解决的三个基本问题。SLAM 就是要回答"我在哪里"。路径/轨迹规划则是在知道了"我要去哪里"的情况下回答"怎么去"的问题。

本章介绍了 SLAM 的概念和实现框架、几种主流的基于激光的 SLAM 方案和基于视觉的 SLAM 方案。

路径规划是移动机器人运动的重要组成部分，而轨迹规划常常是针对机械臂作业的。本章介绍了一些全局路径规划算法和局部路径规划算法，以及关节空间和笛卡儿空间的轨迹规划方法。

本章最后还介绍了 ROS 机器人自主导航的总体框架及其三个主要功能。

第 9 章

机器人控制技术

9.1 机器人控制方法简介

机器人学科是一门迅速发展的综合性前沿学科,受到工业界和学术界的高度重视。机器人的核心是机器人控制系统,从控制过程的角度来看,机器人是一个非线性和不确定性系统,机器人智能控制是近年来机器人控制领域研究的前沿课题,已取得了相当丰富的成果。

常用的机器人控制方法有以下几种:

1. 基于模型的控制方法

与一般的机械系统一样,当机器人的结构及其机械参数确定后,其动态特性将由动力学方程即数学模型来描述。因此,可以采用自动控制理论所提供的设计方法,通过基于数学模型的方法设计机器人控制器。基于被控对象数学模型的控制方法有前馈补偿控制、计算力矩法、最优控制方法和非线性反馈控制方法等。但在实际工程中,由于机器人是一个非线性和不确定性系统,很难得到机器人精确的数学模型,使这些方法难以得到实际应用。

2. PID 控制

机器人控制常采用 PD 控制和 PID 控制,其优点是控制律简单,易于实现,无须建模,但这类方法有两个明显的缺点,一是难以保证受控机器人具有良好的动态和静态品质,二是需要较大的控制能量。

3. 自适应控制

自适应控制是指根据要求的性能指标与实际系统的性能指标相比较所获得的信息来修正控制规律或控制器参数,使系统能够保持最优或次最优工作状态的控制方法。具体地讲,就是控制器能够及时修正自己的特性以适应控制对象和外部扰动的动态特性变化,使整个控制系统始终获得满意的性能,其弱点是在线辨识参数所需的庞大计算,对实时性要求严格,实现比较复杂,特别是存在非参数不确定性时,自适应控制难以保证系统的稳定,很难达到一定的控制性能指标。

4. 鲁棒控制

鲁棒控制是一种可以保证不确定系统的稳定性以及达到满意控制效果的控制方法。鲁棒控制器的设计仅需知道限制不确定性的最大可能值的边界即可,鲁棒控制可同时补偿结构和非结构不确定性的影响,这也正是鲁棒控制优于自适应控制之处。除此之外,与自适应控制方法相比,鲁棒控制还有实现简单(没有自适应律)、对时变参数以及非结构非线性不确定性的影响有更好的补偿效果、更易于保证稳定性等优点。

5. 神经网络控制和模糊控制

神经网络和模糊系统具有高度的非线性逼近映射能力，神经网络和模糊系统技术的发展为解决复杂的非线性、不确定及不确知系统的控制开辟了新途径。采用神经网络和模糊系统，可实现对机器人动力学方程中未知部分的在线精确逼近，从而可通过在线建模和前馈补偿，实现机器人的高精度跟踪。

6. 迭代学习控制

迭代学习控制是智能控制中具有严格数学描述的一个分支，适合于解决强非线性、强耦合、建模难和运动具有重复性的对象的高精度控制问题。迭代学习控制方法不依赖于系统的精确数学模型，算法简单。与鲁棒控制一样，迭代学习控制也能处理实际系统中的不确定性，但它能实现完全跟踪，控制器形式更为简单且需要较少的先验知识。机器人轨迹跟踪控制是迭代学习控制应用的典型代表。

7. 变结构控制

变结构控制的本质是一类特殊的非线性控制，其非线性表现为控制的不连续性。由于滑动模态可以进行设计，与对象参数及扰动无关，这就使得变结构控制具有快速响应、对参数变化及扰动不灵敏、无须系统在线辨识和物理实现简单等优点。这种控制方法通过控制量的切换使系统状态沿着滑模面滑动，使系统在受到参数摄动和外干扰时具有不变性，正是这种特性使得变结构控制方法在机器人控制中得到广泛的应用。

8. 反演控制设计方法

反演控制设计方法的基本思想是将复杂的非线性系统分解为不超过系统阶数的子系统，然后为每个子系统分别设计李雅普诺夫函数和中间虚拟控制量，一直"后退"到这个系统，直到完成整个控制律的设计。利用反演控制技术设计机器人控制器，可以解决系统中的非匹配不确定性。通过在虚拟控制中引入微分阻尼项，可有效地改善系统动态性能；通过在虚拟控制中引入模糊系统或神经网络，可实现无须建模的自适应反演控制；通过在虚拟控制中引入切换函数，可实现具有滑模控制的反演控制。

9.2 机器人常用的控制方法

机器人控制系统的主要目的是通过给各关节一个驱动力矩，使得机器人的位置、速度等状态变量能够跟踪给定的理想轨迹。与一般的机械系统一样，当机器人的结构及其机械参数确定以后，其动态特性将由动力学方程即数学模型来描述。因此，可以应用自动控制理论所提供的设计方法，基于数学模型来设计机器人的控制器。

在实际工程中要想得到精确的数学模型是十分困难的。因此在建立机器人的数学模型时，需要做合理的近似处理，忽略一些不确定性因素，这些不确定性因素包括：

1) 参数不确定性：如负载质量、连杆质量、长度及连杆质心等物理量未知或部分已知。

2) 非参数不确定性：高频未建模动态，包括驱动器动力学、结构共振模式等；低频未建模动态，包括动/静摩擦力、关节柔性等。

3) 作业环境干扰、驱动器饱和问题、测量误差及采样延时等因素。

上述因素的存在可能会引起控制系统质的变化，甚至成为系统不稳定的原因。

应用于不确定性机器人的先进控制策略可分为三大类，即自适应控制、变结构控制和鲁棒控制。通过与自适应控制、变结构控制和鲁棒控制方法相结合，PID 控制、神经网络控制、模糊控制、迭代学习控制和反演控制方法也可以实现对不确定机器人系统的精确控制。

9.3 位置控制

在位置控制中，机械臂的每个轴都被作为一个单输入/单输出（Single Input Single Output，SISO）系统来控制，任何由于其他关节的运动而引起的耦合效应则被当作干扰来处理。在使用这种方法时，主要关心驱动器和传动系统的动力学。一个单输入/单输出反馈控制系统的基本结构如图 9.1 所示。补偿控制器计算出"参考"信号与测量得到的"输出"信号之间的"误差"，而后将生成的信号输出到控制对象中，该信号被用来在带有外界干扰的情况下消除误差，即将误差变为零。

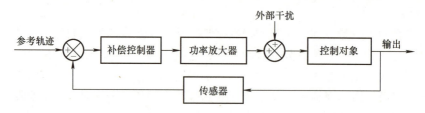

图 9.1 单输入/单输出反馈控制系统的基本结构

为了实现独立关节控制，需要建立关节模型。根据设计控制器时所采用的模型，关节输入可以是关节力和关节扭矩或者驱动器的输入（如电动机的电压输入）。

其中，补偿控制器的设计是关键。在给定参考信号的情况下，使被控对象的输出能够"跟踪"或跟随对应的期望输出。不过，该控制信号并非作用在此系统上的唯一输入，干扰同样会影响输出的行为，它是真正不受控制的输入。因此，必须设计控制器来减少外界干扰对控制对象输出的影响。如果完成上述目标，称被控对象能够"抵抗"干扰。对任何控制方法而言，实现跟踪和抗扰都是核心问题。在建立了关节模型之后，就可以用前面介绍的 PID 控制、前馈控制或状态反馈控制等控制器设计方法来设计相应的补偿控制器了。

在实际中，机器人机械臂的动力学方程构成了一个复杂的、非线性、多变量系统，需要在非线性、多变量控制的环境中来处理机器人的控制问题。这种多变量控制方法使人们能够对控制系统的性能进行更严格的分析，同时也使人们能够设计出鲁棒的自适应非线性控制律，用以保证稳定性以及对任意轨迹的跟踪。

基于机械臂逆动力学的控制方法要求系统参数必须是明确已知的。如果参数具有不确定性，如当机械臂抓起一个未知负载时，那么并不能保证逆动力学控制器能够实现理想性能。

鲁棒自适应控制的目标就是尽管有参数不确定性、外部干扰、未建模动态特性或系统中存在的其他不确定性，系统仍然能够保持其在稳定性、跟踪误差或其他指标方面的性能表现。鲁棒控制器是一个固定控制器，它在面对大范围不确定性时依然能满足性能要求；而自适应控制器则采用某种形式的在线参数估计。这种区别是很重要的。例如，在重复运动任务中，由固定的鲁棒控制器产生的跟踪误差也会趋于重复；随着受控对象或控制参数根据运行时的信息而更新，由自适应控制器产生的跟踪误差预计会随时间而减小；同时，面对参数不确定性表现良好的自适应控制器，在面对外部干扰或未建模动态特性时可能表现并不好。因此，针对给定情况，要综合考虑利弊选择合适的控制方法。

9.4 力控制

位置控制方法足够胜任物料传输、喷涂和点焊等任务,其中机械臂与工作区间(环境)之间的相互作用并不显著。然而,诸如装配、研磨和去毛刺等任务涉及与环境之间广泛的接触,在这些情况下,控制机械臂与环境之间的相互作用力而非简单地控制末端执行器的位置,往往能实现更好的效果。例如,在需要使用机械臂清洗窗户或使用毡尖标记笔来书写的情况下,纯位置控制方法并不可行。末端执行器与规划轨迹之间的微小偏差就可能导致机械臂与物体表面脱离接触或在接触面上施加过强的压力。对于机器人的高刚性结构,微小的位置误差可能会导致非常大的作用力以及灾难性的后果(窗户破碎、笔受损和末端执行器受损等)。上述应用非常典型,它们同时涉及力控制和轨迹控制,如在清洗窗户这一应用中,显然需要同时控制垂直于窗户表面的力以及在窗户表面的位置。

力控制策略是基于检测得到的力来修改位置轨迹的一种策略。对于力反馈,主要有三种类型的传感器:腕力(Wrist Force)传感器、关节扭矩(Joint Torque)传感器、触觉(Tactile)或手传感器。图9.2 中给出了一个腕力传感器,它由一个应变计阵列组成,可以测定力向量沿传感器坐标系轴线的三个分量,以及力矩沿这些轴线的三个分量。关节扭矩传感器由位于驱动器轴的应变计组成。触觉传感器通常位于夹持器的手指部分,它可用于测量夹紧力以及进行形状检测。对于控制末端执行器与环境之间的相互作用目的,六轴腕力传感器通常会给出最好的结果。

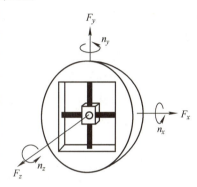

图9.2 腕力传感器

在机器人控制中,带有柔性关节的机器人的全局稳定跟踪控制器可考虑使用反馈线性化来设计。移动机器人(独轮车、汽车、拖拉机/拖车或轮式机器人)、跳跃机器人、空间机器人、卫星、体操机器人以及其他受无滑动的纯滚动约束或者角动量守恒约束的系统属于非完整约束系统,其控制相应也要复杂得多。

9.5 基于视觉的控制

与前述的力控制不同,在基于视觉的控制中,被控量不能总是由传感器来直接测量。例如,如果任务是抓取一个物体对象,被控量是姿态变量,而视觉传感器提供一个二维的强度值矩阵。该强度值矩阵和机器人工作空间的几何结构之间存在联系,但是从图像中推断得出上述几何关系这一任务相当困难,这也是计算机视觉多年来研究的核心问题之一。从图像中提取出相关且鲁棒的参数集用来实时控制机械臂的运动是基于视觉的控制所面临的问题。

多年来,有多种方法已被开发用于解决基于视觉的控制问题。这些方法在如何使用图像数据、相机与机械臂之间的相对位形、坐标系的选取等方面可能不同。

基于视觉的控制系统的设计面临许多问题。例如,应该使用什么样的相机,应该使用带有固定焦距镜头还是带有可变焦镜头的相机,应该使用多少个相机,相机应该被布置在什么地方,应该使用什么样的图像特征,推导场景的三维描述时应该使用图像特征还是二维图像数据。

在构建基于视觉的控制系统时，需要做出的第一个决定也许是选择在哪里放置相机。基本上有两种选择，即相机可以安装在工作区域中的一个固定位置，或者被连接到机器人上，通常，这些布置方案被分别称为固定相机（Fixed Camera）位形和手眼（Eye – in – Hand）位形。

在固定相机位形中，相机被放置在能够观测机械臂以及任何被操作对象的位置上。由于相机位置是固定的，视场不随机械臂的移动而改变，相机与工作空间之间的几何关系是固定的，并且可以通过离线标定确定这种关系。但当机械臂在工作空间中移动时，可能会遮挡相机的视场，这对于有高精度需求任务的影响十分严重。例如，如果需要执行一个插入任务，寻找一个位置使得相机可以观察整个插入任务而不被末端执行器遮挡可能会变得十分困难。

在手眼系统中，相机通常被安装在机械臂手腕以上的地方，从而使手腕的运动不会影响相机的运动。按照这种方式，当机械臂在工作空间中运动时，相机可以按照固定的分辨率不受遮挡地观察末端执行器的运动。手眼系统位形所面临的一个困难是：相机与工作空间之间的几何关系会随着机械臂的移动而发生变化。机械臂很小的运动可能会使得视场发生剧烈的变化，特别是当与相机相连接的连杆的姿态发生改变的时候。

解决基于视觉的控制问题有两种基本方法，即基于位置的视觉伺服控制（Position – Based Visual Servo Control）和基于图像的视觉伺服控制（Image – Based Visual Servo Control）。

基于位置的视觉伺服控制，视觉数据被用于构建关于视觉的部分三维表示。例如，如果任务是抓取一个对象，可以通过求解透视投影方程来确定抓取点相对于相机参考坐标系的三维坐标。如果可以实时获取这些三维坐标，那么它们可以被当作机器人控制中的设定点。其主要难点在于以实时方式建立三维描述，特别是这些方法相对相机标定误差的表现并不鲁棒。此外，基于位置的方法也没有对图像本身的直接控制。因此，对基于位置的各种方法来讲，相机的运动可能会使用户感兴趣的对象离开相机视场。

基于图像的视觉伺服控制直接使用图像数据来控制机器人的运动，使用可在图像中直接测得的量（例如图像中点的图像坐标或者直线的方向）来定义一个误差函数，同时建立一个控制律来将误差直接映射到机器人运动中。其常见的方法是使用物体上易检测的点作为特征点，那么，误差函数是这些点在图像中的位置以及期望位置之间的向量差。通常情况下，相对简单的控制律被用于将图像误差映射到机器人的运动中。

9.6 本章总结

本章介绍了机器人常用的控制方法，重点介绍了机器人的位置控制、力控制和基于视觉的控制方法。

位置控制是控制机械手末端执行工具的位置和姿态，以实现点到点的控制（如搬运、电焊等）或连续作业路径控制（如弧焊、喷漆等）作业任务，是最基本的控制任务，也是最传统、最常用的控制方式。但对于需要接触的作业（如装配、研磨等），仅对机器人进行位置控制不足以完成，需要借助力传感器来检测外界环境变化来实现反馈控制，称之为力控制，又称为主动柔顺控制，常见的控制策略有阻抗控制、力/位混合控制、自适应控制和智能控制等。而基于视觉的控制主要是借助于视觉传感器来检测物体的位置和姿态信息，利用计算机视觉技术对机器人进行控制，以完成作业任务，有基于位置的视觉伺服控制和基于图像的视觉伺服控制之分。

第 10 章

机器人研究机构和企业介绍

目前，机器人理论和技术研究在世界范围内如火如荼地开展，出现了大批知名的研究机构和企业，对机器人理论技术的发展和应用推广起到了重要的作用。本章着重介绍一些国内外与机器人研究和产品相关的研究机构和生产厂商，挂一漏万，旨在便于读者了解机器人研究与产业概况。

10.1 机器人研究机构

10.1.1 国外机器人研究机构

国外著名的机器人研究机构有卡内基梅隆大学（Carnegie Mellon University，CMU）的机器人研究所、麻省理工学院（Massachusetts Institute of Technology，MIT）的计算机科学与人工智能实验室、斯坦福大学（Stanford University）的人工智能实验室、加州大学洛杉矶分校（University of California，Los Angeles，UCLA）的机器人与机械实验室、宾夕法尼亚大学（University of Pennsylvania）的 GRASP 实验室和加利福尼亚大学伯克利分校（University of California，Berkeley）的 AUTOLAB 实验室等。

1. 卡内基梅隆大学机器人研究所

卡内基梅隆大学机器人学研究院隶属于计算机科学学院，研究方向相对集中，包括空间机器人、医疗机器人、工业机器人以及计算机视觉和人工智能等，从事过自动驾驶汽车、月球探测步行机器人和单轮陀螺式滚动探测机器人的研究。图 10.1 是卡内基梅隆大学机器人研究所研制的自动运输系统。

图 10.1 卡内基梅隆大学机器人研究所研制的自动运输系统

2. 麻省理工学院计算机科学与人工智能实验室

麻省理工学院计算机科学与人工智能实验室（Computer Science & Aitificial Intelligence

Lab，CSAIL）有计算机科学实验室（Laboratory for Computer Science，LCS）和人工智能实验室（Artificial Intelligence Laboratory，AI Lab）。CSAIL 是计算机领域研究的先驱，专注于开发基础新技术、开展基础研究以推进计算机领域的发展，截至 2022 年有 9 人获得图灵奖（Turing Award）。CSAIL 在大数据、网络安全、教育、能源、娱乐、医疗保健、互联网、制造、交通和无线技术领域都有着很大的影响力，研究领域涉及复杂性、并行计算和博弈论等的基础算法与理论，自然语言处理、深度学习和计算机视觉等人工智能和机器学习，以及计算生物学、计算机架构、图形学和视觉、人机交互、编程语言、软件工程、机器人、安全与密码学、系统与网络等诸多学科。图 10.2 为 MIT 的 CSAIL 部分研究项目。

图 10.2　MIT 的 CSAIL 部分研究项目

3. 斯坦福大学人工智能实验室

斯坦福人工智能实验室（Stanford Artificial Intelligence Labs，SAIL）是人工智能之父约翰·麦卡锡（John McCarthy）教授于 1962 年创立的，致力于探索通过人工智能增强人机交互的新方法和人工智能领域开创性研究，包括机器人、机器学习、深度学习、自然语言处理、视觉与学习、人工智能的社会影响以及与人工智能相关的认知和神经科学。图 10.3 为斯坦福人工智能实验室照片。

图 10.3　斯坦福人工智能实验室照片

4. 加州大学洛杉矶分校机器人与机械实验室

加州大学洛杉矶分校的机器人与机械实验室（Robotics & Mechanism Laboratory，RoMe-

La)的研究重点是仿人机器人和新型移动机器人的移动策略,涉及机器人运动与操纵、软执行器、平台设计、运动学与机构以及自治系统,包括机器人移动、抓取、柔性机器人、平台设计,运动学,机构学以及系统自动化等。RoMeLa 实验室汇集了资深的类人机器人研究团队,开发出了各种独特的机器人系统,如 DARWIN、CHARLI、SAF-FiR 与 THOR 等,全部采用传统人形设计,并尽可能模仿人类外观与能力,其开发的开源机器人平台 DARwIn – OP 被世界各地的机器人学和计算机学研究者广泛使用。

图 10.4　UCLA 的 RoMeLa 实验室研发的类人机器人

图 10.4 所示为 RoMeLa 实验室研发的类人机器人。

5. 宾夕法尼亚大学 GRASP 实验室

通用机器人、自动化、传感和感知实验室(General Robotics, Automation, Sensing and Perception Laboratory, GRASP)是宾夕法尼亚大学工程与应用科学学院的一个跨学科学术和研究中心,专注于基础研究,涉及人类与社会交互、计算机视觉与感知、动态系统与控制系统、机器学习、人工智能与自主系统、多机器人和多智能体系统、规划建图与定位、机器人机构设计等。图 10.5 为宾夕法尼亚大学 GRASP 实验室部分研究项目。

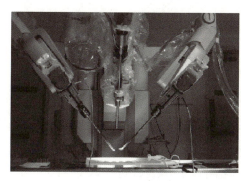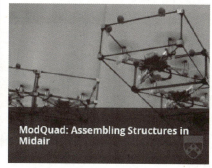

图 10.5　宾夕法尼亚大学 GRASP 实验室部分研究项目

6. 加利福尼亚大学伯克利分校 AUTOLAB 实验室

加州大学伯克利分校的 AUTOLAB 实验室主要从事仓库、家庭和机器人辅助手术的健壮机器人抓取和操作项目研究,专注于几何与统计模型、运动规划等分析理论和深度学习的交叉方法。图 10.6 为加州大学伯克利分校 AUTOLAB 实验室的部分研究项目。

此外,还有佐治亚理工大学移动机器人实验室(GIT Mobile Robot Lab)、华盛顿大学的移动机器人实验室(Washington Mobile Robot Lab)、爱丁堡大学 AI 实验室(Edinbrough AI Lab)、加州理工大学机器人实验室(Caltech Robot Lab)、水牛城大学机器人爱好者小组、日本米田机器人研究室和诺丁汉大学机器人研究室(Nottingham Robotic Lab)等在机器人研究方面也取得了显著的研究成果。

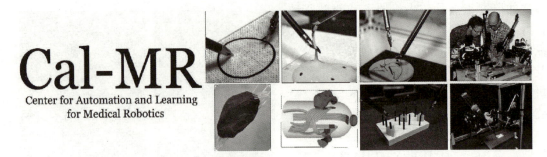

图 10.6　加州大学伯克利分校 AUTOLAB 实验室的部分研究项目

10.1.2　国内机器人研究机构

近年来随着机器人技术应用需求的不断扩大和机器人理论和技术的迅速发展，国内涌现出了许多机器人理论研究和技术开发的机构。开展机器人研究较早的机构或高校有哈尔滨工业大学、北京航空航天大学、北京理工大学和中国科学院自动化研究所等，其他各大高校也陆续成立了机器人研究相关的机构，为促进我国机器人理论和技术的研究起到了巨大的推进作用。

1. 哈尔滨工业大学机器人技术与系统国家重点实验室

机器人技术与系统国家重点实验室前身为哈尔滨工业大学机器人研究所，始建于 1986 年，是我国最早开展机器人技术研究的单位之一。哈尔滨工业大学机器人研究所在 20 世纪 80 年代研制出我国弧焊机器人和点焊机器人。

该实验室的主要研究方向：

1）机器人设计方法与共性技术。
2）机器人智能感知与行为控制。
3）机器人人机交互与和谐共融。
4）机器人系统创新集成。

多年来，该实验室立足航天、服务国防和面向经济主战场，坚持航天、国防特色和军民融合发展理念，开展战略性、前沿性、原创性的先进机器人基础研究和应用基础研究，聚焦机器人的机构、感知、自主、交互及集成等科学问题和核心关键技术，取得了一批机器人标志性重大科技成果，应用于我国载人航天与探月工程、深空探测与在轨服务等国家重大科技任务，成为我国航天、国防和军工领域发展的重要科技力量。该实验室设有智能机器人机构网点开放实验室、成果产业化基地、黑龙江省机器人技术重点实验室、黑龙江省机器人技术工程中心、中德空间机器人技术联合实验室、宇航空间机构及控制技术国防科工委重点学科实验室等机构。图 10.7 为哈尔滨工业大学机器人技术与系统国家重点实验室研究项目太空站机械臂。

2. 北京理工大学智能机器人与系统高精尖创新中心

北京理工大学智能机器人与系统高精尖创新中心成立于 2015 年，主要研究方向为：

1）运动仿生学，包括动物及人类运动机理、仿生机构学和仿生驱动。
2）多尺度感知与操作，包括生机电系统建模接口与控制、细胞操作与协同控制和细胞三维重构。
3）生机电融合与交互，包括多尺度感知、仿生信息系统和仿生交互。

 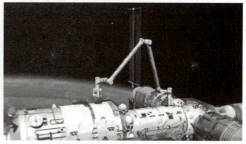

图10.7　哈尔滨工业大学机器人技术与系统国家重点实验室研究项目太空站机械臂

4) 系统控制与集成,包括复杂系统的建模优化与控制理论、仿生控制方法和机器人系统建模。

5) 仿生功能组织与单元,包括仿生功能材料与软体机器人、人-机电系统接口和多体运动建模等。

图10.8为北京理工大学智能机器人与系统高精尖创新中心研究项目。

 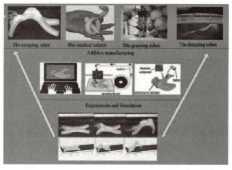

a) 多模态运动仿人机器人　　　　　b) 软体机器人

图10.8　北京理工大学智能机器人与系统高精尖创新中心研究项目

3. 中国科学院沈阳自动化研究所

中国科学院沈阳自动化研究所成立于1958年,主要研究方向为:

1) 机器人。
2) 智能制造。
3) 光电信息技术。

该研究所成立以来,着眼国民经济和国家安全重大战略需求,凝练研究方向,开展创新研究,在先进制造和智能机器、机器人学应用基础研究、工业机器人产业化、水下智能装备及系统、特种机器人、工业数字化控制系统、无线传感与通信技术、新型光电系统、大型数字化装备及控制系统等研究与开发方面取得大批成果。该研究所的中国科学院机器人与智能制造创新研究院研制的"海翼"水下滑翔机于2017年打破世界水下滑翔机最大下潜深度纪录,"海斗一号"全海深无人潜水器于2020年成功海试,最深下潜至10907m。图10.9为"海翼"水下滑翔机,图10.10为"海斗一号"全海深无人潜水器。

4. 中国科学院自动化研究所

中国科学院自动化研究所成立于1956年10月,拥有模式识别国家重点实验室、复杂系统管理与控制国家重点实验室、智能制造技术与系统研究中心、精密感知与控制研究中心、脑网络组研究中心、智能感知与计算研究中心、类脑智能研究中心和智能系统与工程研究中心等科研部门。

图10.9 "海翼"水下滑翔机

图10.10 "海斗一号"全海深无人潜水器

模式识别国家重点实验室主要研究方向为模式识别、计算机视觉、图像处理与图形学、口语信息处理、自然语言处理以及模式识别应用与系统等。

复杂系统管理与控制国家重点实验室主要开展从基础理论创新、核心技术研发到重大产业应用的平行智能理论的研究和探索。平行智能理论是面向网络－物理－社会系统（Cyber - Physical - Social Systems，CPSS），以人工系统＋计算实验＋平行执行（Artificial systems + Computational experiments + Parallel execution，ACP）方法为指导的理论。

精密感知与控制研究中心主要研究精密测量与协同感知、复杂系统精密建模与控制、精密机构设计与驱动等新理论与新方法，提升满足极端条件约束和苛刻性能指标要求的精密感知与有效控制能力。

脑网络组研究中心主要是利用各种成像技术及电生理技术，在宏观、介观⊖及微观尺度上建立人脑和动物脑的脑区、神经元群或神经元之间的连接图（称为脑网络），研究脑网络的拓扑结构、动力学属性、功能表征与遗传基础，以及脑网络建模与仿真和超级计算平台。

智能感知与计算研究中心主要开展多模态智能计算、生物识别与安全、生物启发的智能计算和智能感知基础理论等科学研究。

类脑智能研究中心主要致力于融合智能科学、脑与认知科学的多学科优势，研究认知脑模型、类脑信息处理和类脑智能机器人等相关领域理论、方法与应用。

智能感知与计算研究中心研究面向智能决策的人机对抗智能理论、技术模型和关键算法。

图10.11～图10.13为中国科学院自动化研究所的部分研究成果。图10.11为无人驾驶矿车在严寒环境下的白班全流程测试，图10.12为脑组织图谱研究，图10.13为部署在救护车内的超声机器人及远程遥操作控制端。

5. 北京航空航天大学机器人研究所

北航机器人研究所于1987年由张启先院士创建，主要从事现代机构学及机器人技术方

⊖ 介观（Mesoscopic）指的是介于宏观与微观之间的状态或体系。处于介观的物体在尺寸上具有宏观体系的特点；但由于其电子运动的相干性，会出现与量子力学相位相联系的干涉现象，又与微观体系相似，故称"介观"。

第10章 机器人研究机构和企业介绍

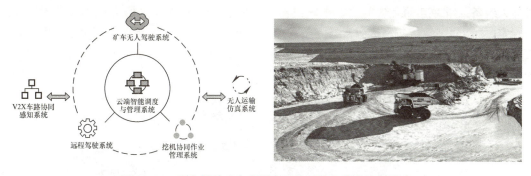

图 10.11 无人驾驶矿车在严寒环境下的白班全流程测试

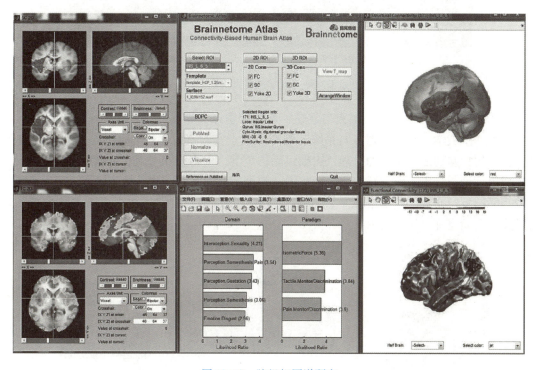

图 10.12 脑组织图谱研究

图 10.13 部署在救护车内的超声机器人（左图）及远程遥操作控制端（右图）

面的理论研究和技术开发。该研究所是北京航空航天大学"机械设计及理论"全国重点学科的主要依托单位，拥有"虚拟现实技术与系统"国家重点实验室（共建）、"飞行器装配机器人装备"北京市重点实验室、中国机械工业联合会"机械工业服务机器人技术"重点实验室、"面向高端装备制造的机器人技术"北京市国际科技合作基地。其主要学科方向有机器人机构学、人机交互与智能控制、医疗与服务机器人、特种机器人和工业机器人。图10.14为北京航空航天大学机器人研究所部分研究成果。

a) 尾鳍推进式仿生机器鱼　　　　b) 机器人磨削抛光系统

图10.14　北京航空航天大学机器人研究所部分研究成果

6. 北京理工大学"仿生机器人与系统"教育部重点实验室

北京理工大学"仿生机器人与系统"教育部重点实验室成立于2010年，重点研究生物及其器官的特殊功能、结构和机理，突破运动仿生学、生物感知与交互机理和仿生控制与系统集成等理论与技术，致力于解决系列重大、前沿的科学问题，建立仿生机器人和无人机动系统等高端科学研究的技术集成平台。图10.15为北京理工大学"仿生机器人与系统"教育部重点实验室部分研究成果。

军用机器人

图10.15　北京理工大学"仿生机器人与系统"教育部重点实验室部分研究成果

7. 复旦大学智能机器人研究院

复旦大学智能机器人研究院设有智能机器人教育部工程研究中心和上海智能机器人工程技术研究中心，致力于人工智能与机器人领域的战略性、基础性与前沿性的相关科学问题和技术瓶颈的研究，主要研究全息群智智能科学、智能机器人体系结构与行为科学，以及群智智能芯片与实时操作系统等机器人共性技术，研发具有智能感知、认知、决策和学习进化能力，支持人、机、环境协作的自主智能机器人。

8. 东北大学机器人科学与工程学院

东北大学机器人科学与工程学院由东北大学、沈阳新松机器人自动化股份有限公司和中国科学院沈阳自动化研究所合作建立，设有仿生移动机器人实验室、人工智能与机器视觉实验室、人机协作实验室、云机器人与视觉感知实验室和智能自主机器人实验室，拥有无人机系统平台、云机器人平台、视觉感知平台、智能移动机器人和人机协作等多个先进机器人创新平台,主要研究方向为人工智能、智能机器人、模式识别、图像处理与计算机视觉、虚拟现实技术和多媒体传感器网络等。

9. 湖南大学机器人学院

湖南大学机器人学院现有机器人视觉感知与控制技术国家工程实验室、视觉感知与人工智能湖南省重点实验室和电子制造业智能机器人技术湖南省重点实验室等研究平台,以及机器人关键基础、工业机器人、服务机器人和特种作业机器人等教学实验室。

10. 应急管理部煤矿智能化与机器人创新应用重点实验室

应急管理部煤矿智能化与机器人创新应用重点实验室是中国矿业大学(北京)、应急管理部国家安全科学与工程研究院和中国科学院自动化研究所共同创建的应急管理部重点实验室,设在中国矿业大学(北京)。该实验室致力于煤矿安全与应急管理研究领域的基础理论创新和关键核心技术研发,涵盖煤矿人工智能创新应用、煤矿机器人创新应用、煤矿智能采掘运输技术创新应用和煤矿工业互联网创新应用等研究方向。该实验室面向煤矿应急管理领域国家战略需求和国际学术前沿,以智能矿山平行管理与智能控制、基于机器人技术的先进控制和基于工业互联网的多智能体计算为应用研究方向,开展从基础理论创新、核心技术研发到重大产业应用等全方位、多层次的研究和探索,旨在建成国际一流的科学研究、技术创新和人才培养基地。

11. 上海交通大学机器人研究所

上海交通大学机器人研究所致力于工业用机械臂、危险恶劣环境作业特种机器人的研究开发,主要研究方向为大型冗余自由度机械臂、通用型多自由度机械手、移动平台、玻璃窑炉全自动加料机器人、核工业用机器人、主从控制及遥操作、消防机器人与防爆技术以及高压带电作业技术等。

10.2 部分机器人企业介绍

在工业机器人领域,欧洲和日本是全球工业机器人市场的两大主角,并且实现了传感器、控制器和精密减速机等核心零部件的完全自主化。瑞士 ABB、德国库卡(KUKA)、日本发那科(FANUC)和安川电机(YASKAWA)在全球机器人产业占有举足轻重的地位,占据着工业机器人主要的市场份额。美国的 Autonomous Solutions 公司、波士顿动力(Boston Dynamics)公司、Soft Robotics 公司,日本的 Honda Robotics,以及国内的大疆和新松也各有特色。

1. 瑞士 ABB 公司

ABB 公司总部位于瑞士苏黎世。1969 年,ABB 公司售出全球第一台喷涂机器人。1974 年,ABB 公司发明了全电控式六轴工业机器人 IRB6,主要应用于工件的取放和物料的搬运。1975 年,ABB 公司推出了焊接机器人。目前,ABB 公司拥有种类众多的机器人产品、技术和服务,是全球装机量较大的工业机器人供货商,产品广泛应用于焊接、物料搬运、装配、喷涂、精加工、拾料、包装、货盘堆垛和机械管理等领域。图 10.16 为 ABB 公司机器人产品。

2. 库卡(KUKA)公司

库卡公司及其德国母公司是世界工业机器人和自动控制系统领域的制造商,1898 年成

a) 工业机械臂IRB8700　　　　　　b) 单臂协作机器人IRB14050

图10.16　ABB公司机器人产品

立于奥格斯堡。1971年，库卡公司为戴姆勒-奔驰在欧洲建造了由机器人运行的焊接流水线。1972年，库卡公司制造出磁弧焊机。1973年，由库卡公司生产的拥有六个机电驱动轴的工业机器人 KUKA Famulus 问世。2000年，库卡机器人（上海）有限公司成立。2001年，库卡公司开发了客运工业机器人"Robocoaster"，可实现过山车，以及其他如主题公园与娱乐等沿预定路径运行的目标。2013年，库卡推出灵敏型机器人 LBR iiwa，是允许直接用于人机协作的机器人。我国家电企业美的集团在2017年1月顺利收购库卡公司94.55%的股权。图10.17为库卡公司机器人产品。

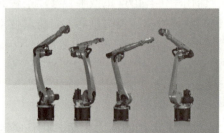

a) KR CYBERTECH工业机器人　　　　　　b) 协作机器人LBR iiwa

图10.17　库卡公司机器人产品

3. 日本发那科（FANUC）公司

日本发那科公司成立于1972年，位于富士山脚下，在数控系统科研、设计、制造和销售方面实力强大。1992年，其与中国机械工业部北京机床研究所联合成立了北京发那科机电有限公司，1997年与上海机电工业投资有限公司成立了上海发那科机器人有限公司，2018年成立了发那科研究院。发那科公司机器人产品系列众多，广泛应用在装配、搬运、焊接、铸造、喷涂和码垛等不同生产环节。图10.18为发那科公司机器人产品。

4. 安川电机（YASKAWA）

日本的安川电机创建于1915年，以驱动控制、运动控制、机器人和系统工程四大事业为轴心，拥有焊接、装配、喷涂和搬运等各种各样的自动化机器人。1994年，安川电机在上海设立事务所；1996年在北京成立工业用机器人合资公司——首钢莫托曼（MOTOMAN）机器人有限公司，2011年更名为安川首钢机器人有限公司；2012年成立了安川电机（常

图 10.18　发那科公司机器人产品

州）机器人有限公司。安川机器人"YASKAWA"活跃在汽车零部件、机器、电机、金属和物流等世界各个产业领域中。安川电机相继开发了焊接、装配、喷涂和搬运等自动化作业机器人，其核心的工业机器人产品包括点焊和弧焊机器人、油漆和处理机器人、LCD（液晶显示）玻璃板传输机器人和半导体晶片传输机器人等。图 10.19 为日本安川电机公司机器人产品。

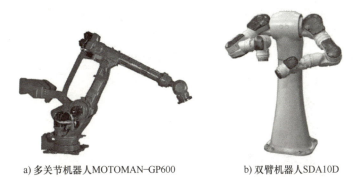

a) 多关节机器人 MOTOMAN-GP600　　　b) 双臂机器人 SDA10D

图 10.19　日本安川电机公司机器人产品

5. 美国 Autonomous Solutions 公司

美国 Autonomous Solutions 公司专注于移动机器人产品，提供无人驾驶车辆的软硬件系统（包括采矿、农业、汽车、工业、安防和军用市场），已被用于英美资源集团的运输程序、福特汽车的机器人耐久性试验程序、犹他州肯尼科特铜业公司、力拓矿业的宾汉峡谷矿井和美国空军等领域。图 10.20 为美国 Autonomous Solutions 公司的无人驾驶车辆。

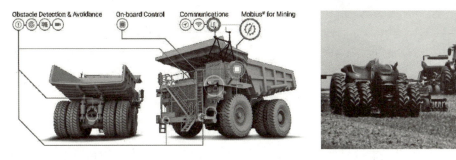

图 10.20　美国 Autonomous Solutions 公司的无人驾驶车辆

6. Boston Dynamics 公司

Boston Dynamics 公司创建于 1992 年。根据其网站介绍，其使命是想象并创造出丰富人们生活的卓越机器人，制造接近人和动物的机动性、灵活性和敏捷性的机器，以减少工作的危险、重复和物理困难。Boston Dynamics 公司使用基于传感器的控制方法和计算能力，让机器人用于从事复杂活动，主要产品是拥有杰出活动能力（移动、灵活敏捷和快速）的机器人，如机器大狗 BigDog、机器豹子 Cheetah、机器狗 Spot、野猫 Wild-Cat、人形机器人 Atlas 和轮式机器人 Handle 等都是该公司研制的。图 10.21 为 Boston Dynamics 公司的 Atlas 机器人。

图 10.21　Boston Dynamics 公司的 Atlas 机器人

7. 大疆创新科技有限公司

深圳市大疆创新科技有限公司（简称大疆）是 2006 年创立的无人飞行器控制系统及无人机解决方案的研发和生产商。2012 年，其发布了航拍一体机"精灵"Phantom 和专业一体化多旋翼飞行器"筋斗云"S800，2015 年推出智能农业喷洒防治无人机——大疆 MG‑1 农业植保机，2017 年发布专业级行业应用飞行平台"经纬"M200 系列。目前，大疆在无人机、手持影像、机器人教育及更多前沿创新领域不断革新技术产品与解决方案。图 10.22 为大疆创新无人机产品系列。

图 10.22　大疆创新无人机产品系列

8. Honda Robotics 公司

Honda Robotics 公司是由本田公司成立的机器人公司，通过研究、设计以及研发人形机器人（以 ASIMO 为代表）推进机器人技术以及相关应用产品的研发。1986 年，Honda Robotics 公司开始以人类为模型研究机器人，2000 年推出了人形机器人 ASIMO。图 10.23 为 Honda Robotics 公司研制的 ASIMO 和行走辅助装置。

9. 精密电机公司 Maxon

精密电机公司 Maxon 是一家成立于 1961 年的家族股份公司，总部位于瑞士萨克瑟恩，

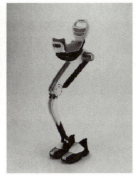

图 10.23　Honda Robotics 公司研制的 ASIMO 和行走辅助装置

销售网络分布于全球 40 个国家。1995 年精密电机公司 Maxon 在中国设立了子公司苏州钧和伺服科技有限公司，是高精度驱动系统供应商，致力于研发并生产性能强大的电动驱动器，产品包括有刷和无刷直流电机、无刷盘式电机、行星齿轮箱、正齿轮箱、特殊齿轮箱、传感器（精密编码器）、伺服放大器、位置控制器、高科技 CIM 和 MIM 组件等，还支持客户定制驱动方案。图 10.24 为精密电机公司 Maxon 的系列产品。

图 10.24　精密电机公司 Maxon 的系列产品

10. 新松机器人自动化股份有限公司

新松机器人自动化股份有限公司（SIASUN Robot & Automation，简称新松）成立于 2000 年，是一家以机器人技术为核心的高科技上市公司，本部位于沈阳，在上海设有国际总部，在沈阳、上海、青岛、天津和无锡建有产业园区。新松是国家机器人产业化基地，依托中科院沈阳自动化研究所，坚持以市场为导向开展技术创新，致力于打造数字化物联新模式，面向智能工厂、智能装备、智能物流、半导体装备和智能交通，研制了工业机器人、协作机器人、移动机器人、特种机器人和医疗服务机器人五大系列百余种产品，形成了完整的机器人产品线及工业 4.0 整体解决方案。图 10.25 为新松的部分产品。

11. Soft Robotics 公司

美国 Soft Robotics 公司主要设计、制造和销售可以操纵各种尺寸、形状和重量物品的机械爪（Robotic gripper）与控制系统。Soft Robotics 公司使用专有的软机器人手爪、3D 机器感知和 mGripAI 人工智能软件，设计和构建自动拣选解决方案。该公司革新型的机器人自动化解决方案使食品加工商能够解决食品和饮料行业中最棘手的拣选问题。图 10.26 为 Soft Robotics 公司的软体机械爪。

另外，还有美国的 Aethon、Adept Technology、American Robot、Emerson Industrial Automation、S – T Robotics，日本 Denso、OTC（Daihen 旗下）、川崎（Kawasaki）、那智不二越

图 10.25 新松的部分产品

图 10.26 Soft Robotics 公司的软体机械爪

(Nachi-Fujikoshi)、松下（Panasonic）、瑞士 STABILI、丹麦 Universal、意大利 Comau、英国 AutoTech Robotics、德国杜尔、加拿大 JCD International Robotics、以色列的 Robogroup Tek 等机器人企业。

随着机器人理论与技术的发展和产业应用的兴起，国内也陆续涌现出了更多的新兴企业，如汇川技术、南京埃斯顿、安徽埃夫特、遨博智能、北京钢铁侠、优傲机器人、宇树科技、优必选、科沃斯、北京珞石科技、达闼科技、上海钛虎、广州数控、新时达机器人、哈工智能、广东拓斯达、苏州绿的谐波、来福谐波、大族谐波、南通振康和双环传动等，不一而足。

10.3 本章总结

本章主要介绍了国内外主要机器人研究机构和一些机器人企业，旨在让读者对国内外从事机器人研发的机构和企业有一个初步了解。

附 录

缩略语对照表

序号	缩略语	全称	中文术语	序号	缩略语	全称	中文术语
1	ABET	Accreditation Board for Engineering and Technology	美国工程与技术认证委员会	14	AUV	Autonomous Underwater Vehicle	自主水下机器人
				15	BA	Bundle Adjustment	捆绑调整
2	ABU	Asia-Pacific Broadcasting Union	亚洲太平洋地区广播电视联盟	16	BCI	Brain-Computer Interface	脑机接口
3	ACM	Adaptive Control Method	自适应控制方法	17	BDS	BeiDou Navigation Satellite System	北斗导航系统
4	ACP	Artificial systems + Computational experiments + Parallel execution	人工系统+计算实验+并行执行	18	BP	Back Propagation Algorithm	反向传播算法
				19	BRE	Bachelor of Robotics Engineering	机器人工程专业学士
5	AE	Auto Encoder	自动编码器	20	CAD	Computer Aided Design	计算机辅助设计
6	AESOP	Automated Endoscopic System for Optimal Positioning	自动内窥镜最优定位系统	21	CAM	Computer Aided Manufacturing	计算机辅助制造
7	AEU	Arizona State University	亚利桑那州立大学	22	CCD	Charge Coupled Device	电荷耦合器件
8	AHRS	Attitude and Heading Reference System	航姿参考系统	23	CI	Computational Intelligence	计算智能
9	AI	Artificial Intelligence	人工智能	24	CMU	Carnegie Mellon University	卡耐基梅隆大学
10	AMCL	Adaptive Monte Carlo localization	自适应蒙特卡洛定位	25	CNN	Convolutional Neural Network	卷积神经网络
11	ANN	Artificial Neural Network	人工神经网络	26	CPSS	Cyber-Physical-Social Systems	网络物理社会系统
12	AR	Augmented Reality	增强现实				
13	ARV	Autonomous/Remote Vehicle	自主/遥控水下机器人	27	CS	Computer Science	计算机科学

(续)

序号	缩略语	全称	中文术语	序号	缩略语	全称	中文术语
28	CSAIL	Computer Science & Artificial Intelligence Lab	计算机科学与人工智能实验室	47	INS	Inertial Navigation System	惯性导航系统
29	CTM	Computed Torque Control Method	计算力矩控制方法	48	ISIR	International Symposium on Industrial Robots	国际工业机器人研讨会
30	DBN	Deep Belief Network	深度置信网络				
31	DDR	Direct Drive Robot	直接驱动机器人	49	ISO	International Organization for Standardization	国际标准化组织
32	DEC	Digital Equipment Corporation	数字设备公司				
33	DL	Deep Learning	深度学习	50	ISU	Iowa State University	爱荷华州立大学
34	DLR	Deutsches Zentrum für Luft – und Raumfahrt	德国宇航中心	51	IJCAI	International Joint Conference on AI	人工智能国际联合会议
35	DWA	Dynamic Window Approach	动态窗口法	52	JIRA	Japan Industrial Robot Association	日本工业机器人协会
36	ECE	Electronic and Computer Engineering	电子与计算机工程	53	JWU	Johnson & Wales University	约翰逊与威尔士大学
37	EDVAC	Electronic Discrete Variable Automatic Computer	离散变量自动电子计算机	54	KAIST	Korea Advanced Institute of Science and Technology	韩国科学技术院
38	EKF	Extended Kalman Filter	扩展卡尔曼滤波器	55	KLD	Kullback – Leibler Divergence	KL散度
39	ERP	Visual Event Related Potential	视觉事件相关电位	56	LCS	Laboratory for Computer Science	计算机科学实验室
40	GPS	Global Positioning System	全球定位系统	57	LED	Light Emitting Diode	发光二极管
41	GPU	Graphics Processing Unit	图形处理单元	58	LeGO – LOAM	Lightweight and Ground – Optimized Lidar Odometry and Mapping on Variable Terrain	可变地形轻量化地面优化激光雷达里程计与建图
42	GRASP	General Robotics, Automation, Sensing and Perception Laboratory	通用机器人、自动化、传感和感知实验室				
43	ICP	Iterative Closest Point	迭代最近点	59	LiDAR	Light Detection And Ranging	激光雷达
44	IFR	International Federation of Robotics	国际机器人联合会	60	LOAM	Lidar Odometry and Mapping	激光里程计与建图
45	IGES	The Initial Graphics Exchange Specification	基本图形交换规范	61	LSD – SLAM	Large – Scale Direct Monocular SLAM	大场景直接单目即时定位与建图
46	IMU	Inertial Measurement Unit	惯性测量单元	62	MAARS	Modular Advanced Armed Robotic System	模块化先进武装机器人系统

(续)

序号	缩略语	全称	中文术语	序号	缩略语	全称	中文术语
63	MARS	Multi-Agent Robot System	多智能机器人系统	83	RCM	Remote Center of Motion	远程运动中心
64	MCL	Monte Carlo localization	蒙特卡洛定位	84	RCM	Robust Control Method	鲁棒控制方法
65	ME	Mechanical Engineering	机械工程	85	RIA	Robotic Industries Association	机器人工业协会
66	MEMS	Micro Electro Mechanical Systems	微机电系统	86	RL	Reinforcement Learning	增强学习
67	MIT	Massachusetts Institute of Technology	麻省理工学院	87	RoMeLa	Robotics & Mechanism Laboratory	机器人与机械装置实验室
68	ML	Machine Learning	机器学习	88	ROS	Robot Operating System	机器人操作系统
69	MP	McCulloch and Pitts	麦克洛克-皮茨				
70	MPC	Model Predictive Control	模型预测控制	89	ROV	Remote Operated Vehicle	遥控水下机器人
71	NIST	National Institute of Standards and Technology	美国国家标准与技术研究院	90	RPC	Remote Procedure call	远程过程调用
				91	RRT	Rapid-Exploring Random Trees	快速拓展随机树
72	ORB-SLAM	Oriented FAST and BRIEF SLAM	ORB即时定位与地图构建	92	RSMA	Reversible Shape Memory Alloy	可逆形状记忆合金
73	PC	Personal Computer	个人计算机	93	RTK	Real-Time Kinematic	实时动态
74	PCA	Principal Component Analysis	主成分分析	94	SAEN	Stacked Auto-Encoder Network	堆栈自动编码器
75	PD	Proportion and Differentiation	比例微分	95	SAIL	Stanford Artificial Intelligence Labs	斯坦福人工智能实验室
76	PDP	Parallel Distributed Processing	并行分布式处理	96	SE	Sparse Coding	稀疏编码
77	PF	Particle Filter	粒子滤波器	97	SISO	Single Input Single Output	单输入单输出
78	PID	Proportion Integration Differentiation	比例积分微分	98	SLAM	Simultaneous Localization and Mapping	即时定位与地图构建
79	PTAM	Parallel Tracking and Mapping	并行跟踪与建图	99	SMA	Shape Memory Alloy	形状记忆合金
80	PUMA	Programable Universal Machine for Assembly	通用工业机器人	100	SSVEP	Steady-State Visual Evoked Potential	稳态视觉诱发电位
81	P2P	Point to Point	点对点	101	STAIR	Stanford Artificial Intelligence Robot	斯坦福人工智能机器人
82	RBM	Restricted Boltzmann Machine	限制玻尔兹曼机	102	STOMP	Stochastic Trajectory Optimization for Motion Planning	运动规划随机轨迹优化

（续）

序号	缩略语	全称	中文术语	序号	缩略语	全称	中文术语
103	SVM	Support Vector Machine	支持向量机	111	VR	Virtual Reality	虚拟现实
104	SVO	Semi-Direct Monocular Visual Odometry	半直接法单目视觉里程计	112	WPI	Worcester Polytechnic Institute	伍斯特理工学院
105	TEB	Time Elastic Band	时间弹性带	113	WRCC	World Robot Contest Championships	世界机器人大赛锦标赛
106	TL	Transfer Learning	迁移学习	114	WRCF	World Robot Contest Finals	世界机器人大赛决赛
107	UCSC	University of California, Santa Cruz	加利福尼亚大学圣克鲁兹分校	115	WRCT	World Robot Contest Trials	世界机器人大赛选拔赛
108	UCLA	University of California, Los Angeles	加利福尼亚大学洛杉矶分校	116	2D	Two Dimensional	二维
109	UDM	University of Detroit Mercy	底特律梅西大学	117	3D	Three Dimensional	三维
110	UM-Dearborn	University of Michigan-Dearborn	密歇根大学迪尔本校区	118	3E	Emerging Engineering Education	新工科

参 考 文 献

[1] 斯庞, 哈钦森, 维德雅萨加. 机器人建模和控制 [M]. 贾振中, 等译. 北京: 机械工业出版社, 2016.
[2] 克雷格. 机器人学导论: 原书第4版 [M]. 负超, 王伟, 译. 北京: 机械工业出版社, 2018.
[3] SAHA S K. 机器人学导论 [M]. 付宜利, 张松源, 译. 哈尔滨: 哈尔滨工业大学出版社, 2017.
[4] 尼库. 机器人学导论: 分析、控制及应用: 原书第2版 [M]. 孙富春, 朱纪洪, 刘国栋, 等译. 北京: 电子工业出版社, 2018.
[5] 蔡自兴, 谢斌. 机器人学 [M]. 4版. 北京: 清华大学出版社, 2022.
[6] 蒋志宏. 机器人学基础 [M]. 北京: 北京理工大学出版社, 2018.
[7] 科克. 机器人学、机器视觉与控制: MATLAB算法基础 [M]. 刘荣, 等译. 北京: 电子工业出版社, 2016.
[8] CORKE P. Robotics, Vision and Control: Fundamental Algorithms in MATLAB [M]. 2th ed. Cham: Springer International Publishing AG, 2017.
[9] 刘金琨. 机器人控制系统的设计与MATLAB仿真 [M]. 北京: 清华大学出版社, 2008.
[10] 刘金琨. 机器人控制系统的设计与MATLAB仿真: 基本设计方法 [M]. 北京: 清华大学出版社, 2016.
[11] 刘金琨. 机器人控制系统的设计与MATLAB仿真: 先进设计方法 [M]. 北京: 清华大学出版社, 2017.
[12] 赵建伟. 机器人系统设计及其应用技术 [M]. 北京: 清华大学出版社, 2017.
[13] 中国机器人产业联盟. 2020年中国机器人产业发展白皮书 [Z]. 2020.
[14] 蔡自兴. 人工智能及其应用 [M]. 5版. 北京: 清华大学出版社, 2016.
[15] 李德毅. 人工智能导论 [M]. 北京: 中国科学技术出版社, 2018.
[16] 中国电子技术标准化研究院. 人工智能标准化白皮书: 2021版 [Z]. 2021.
[17] 罗素, 诺维格. 人工智能: 一种现代的方法: 原书第3版 [M]. 殷建平, 祝恩, 刘越, 等译. 北京: 清华大学出版社, 2013.
[18] 西西里安诺, 夏维科, 维拉尼, 等. 机器人学: 建模、规划与控制 [M]. 张国良, 曾静, 陈励华, 等译. 西安: 西安交通大学出版社, 2015.
[19] 陈万米, 等. 机器人控制技术 [M]. 北京: 机械工业出版社, 2017.
[20] 若兰. 机器人自动化: 建模、仿真与控制 [M]. 黄心汉, 彭刚, 译. 北京: 机械工业出版社, 2017.
[21] 贾瑞清, 等. 机器人学: 规划、控制及应用 [M]. 北京: 清华大学出版社, 2020.
[22] 蔡自兴, 等. 机器人学基础 [M]. 3版. 北京: 机械工业出版社, 2021.
[23] 李硕, 吴园涛, 李琛, 等. 水下机器人应用及展望 [J]. 中国科学院院刊, 2022, 37 (7): 910-920.
[24] 孟明辉, 周传德, 陈礼彬, 等. 工业机器人的研发及应用综述 [J]. 上海交通大学学报, 2016, 50 (S1): 98-101.
[25] 曹武警, 王大帅, 何勇, 等. 外骨骼机器人研发应用现状与挑战 [J]. 人工智能, 2022 (3): 105-112.
[26] 刘贵杰, 刘展文, 田晓洁, 等. 智能材料在水下仿生机器人驱动中的应用综述 [J]. 中国海洋大学学报 (自然科学版), 2018, 48 (3): 114-120.
[27] 郭闯强, 吴春亚, 邹添, 等. 介电弹性材料驱动器在机器人中的应用进展 [J]. 哈尔滨工业大学学报, 2016, 48 (1): 1-12.
[28] 魏志成, 王春喜, 刘荣. 达芬奇外科手术机器人系统概述及其在胰十二指肠切除术中的应用 [J]. 武

警医学, 2017, 28 (7): 752-754.

[29] 李芳玮, 胡而已, 张冬阳. 煤矿机器人研发应用现状及趋势 [J]. 中国煤炭, 2019, 45 (7): 28-32.

[30] 刘清友, 董润, 耿凯, 等. 井下机器人研究进展与应用展望 [J]. 石油钻探技术, 2019, 47 (3): 50-55.

[31] 吴丹, 赵安安, 陈恳, 等. 协作机器人及其在航空制造中的应用综述 [J]. 航空制造技术, 2019, 62 (10): 24-34.

[32] 周海, 叶兵. 机器人的发展现状及应用前景 [J]. 装备制造技术, 2017 (9): 47-49.

[33] 马闯. 基于改进 A* 和 DWA 算法的履带式煤矿机器人路径规划研究 [D]. 北京: 中国矿业大学, 2022.

[34] 魏金波. 基于改进 LeGO-LOAM 算法的煤矿机器人定位与建图研究 [D]. 北京: 中国矿业大学, 2022.